Algebra !

Table of contents

Name:.................................. Date:..................................

Complete all the activities.

Evaluate each expression when y = 2.

1. y + 7 = ... 2. 4 + y = ... 3. 9 - y = ... 4. 1 - y = ... 5. y + 2 = ... 6. 6 - y = ...

7. y - 5 = ... 8. y + 1 = ... 9. 2 - y = ... 10. 8 - y = ... 11. y - 9 = ... 12. 7 + y = ...

Evaluate each expression when x = 4.

13. 9 - x = ... 14. 4 + x = ... 15. 8 - x = ... 16. 6 - x = ... 17. x + 1 = ... 18. x - 9 = ...

19. x + 2 = ... 20. 7 - x = ... 21. x - 8 = ... 22. 2 - x = ... 23. 1 + x = ... 24. x - 4 = ...

Evaluate each expression when z = 3.

25. 4 - z = ... 26. z - 3 = ... 27. z - 8 = ... 28. 1 - z = ... 29. z - 6 = ... 30. z + 5 = ...

31. 6 - z = ... 32. z - 7 = ... 33. z + 8 = ... 34. 5 - z = ... 35. 6 + z = ... 36. z + 6 = ...

Evaluate each expression when k = 9.

37. 7 + k = ... 38. 3 - k = ... 39. k + 6 = ... 40. k + 8 = ... 41. 7 - k = ... 42. k + 5 = ...

43. 9 + k = ... 44. k + 2 = ... 45. k + 4 = ... 46. k + 7 = ... 47. 6 - k = ... 48. k + 3 = ...

Evaluate each expression when a = 1.

49. a + 3 = ... 50. a + 6 = ... 51. a + 7 = ... 52. 9 - a = ... 53. a + 4 = ...

54. 6 + a = ... 55. a - 8 = ... 56. a - 3 = ... 57. a - 7 = ... 58. a + 9 = ...

59. 4 + a = ... 60. 6 - a = ... 61. 2 - a = ... 62. a + 1 = ... 63. 3 - a = ...

Evaluate each expression when n = 2.

64. n - 5 = ... 65. 8 + n = ... 66. 5 + n = ... 67. 1 - n = ... 68. 4 + n = ...

69. n + 6 = ... 70. n - 4 = ... 71. 7 + n = ... 72. n - 3 = ... 73. n + 8 = ...

74. n - 2 = ... 75. n + 7 = ... 76. n - 7 = ... 77. 8 - n = ... 78. n - 9 = ...

Name:................................... Date:...................................

Complete all the activities (Equation-Addition).

Solve for the variable.

1. 11 = 4 + y ______	2. 3 + y = 6 ______	3. y + 9 = 15 ______	4. 11 = 5 + y ______
5. 13 = 5 + y ______	6. 9 = 8 + y ______	7. 5 = y + 3 ______	8. 7 = 2 + y ______
9. y + 7 = 11 ______	10. y + 1 = 8 ______	11. y + 6 = 12 ______	12. 10 = 3 + y ______
13. 13 = 7 + y ______	14. 4 + y = 13 ______	15. 12 = y + 4 ______	16. 14 = y + 5 ______
17. 13 = 6 + y ______	18. y + 4 = 5 ______	19. 9 = 6 + y ______	20. 9 = y + 4 ______
21. 9 = y + 7 ______	22. 4 = 3 + y ______	23. 11 = 6 + y ______	24. 5 + y = 9 ______
25. y + 2 = 11 ______	26. 18 = y + 9 ______	27. 3 + y = 8 ______	28. 13 = y + 9 ______
29. 10 = y + 6 ______	30. 1 + y = 2 ______	31. 12 = 8 + y ______	32. y + 9 = 10 ______
33. 7 = 5 + y ______	34. 10 = 7 + y ______	35. 5 + y = 10 ______	36. 5 + y = 6 ______
37. 6 = y + 4 ______	38. 8 = y + 6 ______	39. 9 + y = 14 ______	40. 8 = 5 + y ______
41. 4 = 1 + y ______	42. 11 = 3 + y ______	43. y + 9 = 16 ______	44. 7 + y = 12 ______
45. 14 = y + 6 ______	46. 13 = y + 8 ______	47. 12 = 5 + y ______	48. 10 = y + 2 ______
49. 9 + y = 12 ______	50. 10 = y + 1 ______	51. 8 + y = 10 ______	52. 17 = y + 8 ______
53. 9 = 3 + y ______	54. 2 + y = 8 ______	55. 7 = y + 6 ______	56. 6 = 2 + y ______
57. 3 = 1 + y ______	58. y + 8 = 14 ______	59. 5 = 2 + y ______	60. 1 + y = 9 ______
61. 3 = 2 + y ______	62. 8 + y = 16 ______	63. 7 + y = 15 ______	64. y + 4 = 7 ______
65. 8 = y + 4 ______	66. 11 = 8 + y ______	67. 5 = y + 1 ______	68. 12 = 3 + y ______
69. 1 + y = 6 ______	70. 7 + y = 8 ______	71. 4 = y + 2 ______	72. 16 = y + 7 ______

Name:.................................. Date:..................................

Complete all the activities (Equation-Soustraction).

Solve for the variable.

1. $3 = y - 3$ ________	2. $4 = 6 - y$ ________	3. $2 = y - 2$ ________	4. $5 - y = 4$ ________
5. $y - 1 = 6$ ________	6. $4 = 5 - y$ ________	7. $6 - y = 4$ ________	8. $5 = y - 1$ ________
9. $y - 1 = 3$ ________	10. $4 = 9 - y$ ________	11. $8 = y - 1$ ________	12. $1 = 6 - y$ ________
13. $1 = 5 - y$ ________	14. $9 - y = 1$ ________	15. $6 = 9 - y$ ________	16. $3 = y - 2$ ________
17. $5 = 6 - y$ ________	18. $1 = 6 - y$ ________	19. $y - 3 = 6$ ________	20. $1 = 2 - y$ ________
21. $1 = 7 - y$ ________	22. $3 - y = 1$ ________	23. $7 - y = 6$ ________	24. $7 - y = 3$ ________
25. $0 = 4 - y$ ________	26. $2 = 4 - y$ ________	27. $4 = 7 - y$ ________	28. $6 - y = 2$ ________
29. $0 = 2 - y$ ________	30. $7 = 9 - y$ ________	31. $3 = y - 5$ ________	32. $4 - y = 1$ ________
33. $3 = 7 - y$ ________	34. $y - 1 = 2$ ________	35. $2 = y - 7$ ________	36. $y - 1 = 8$ ________
37. $2 = y - 5$ ________	38. $6 - y = 2$ ________	39. $9 - y = 3$ ________	40. $y - 6 = 3$ ________
41. $8 - y = 1$ ________	42. $0 = 3 - y$ ________	43. $8 - y = 2$ ________	44. $3 - y = 2$ ________
45. $7 - y = 1$ ________	46. $y - 2 = 5$ ________	47. $4 = 8 - y$ ________	48. $y - 2 = 6$ ________
49. $0 = 9 - y$ ________	50. $8 - y = 7$ ________	51. $y - 2 = 5$ ________	52. $8 - y = 1$ ________
53. $y - 6 = 2$ ________	54. $7 = y - 2$ ________	55. $y - 1 = 0$ ________	56. $0 = y - 8$ ________
57. $y - 4 = 4$ ________	58. $2 = y - 3$ ________	59. $5 = 8 - y$ ________	60. $8 - y = 6$ ________
61. $y - 5 = 0$ ________	62. $1 = y - 2$ ________	63. $1 = 2 - y$ ________	64. $y - 1 = 3$ ________
65. $4 = y - 5$ ________	66. $y - 4 = 5$ ________	67. $7 = 8 - y$ ________	68. $7 - y = 2$ ________
69. $1 = y - 4$ ________	70. $3 = y - 3$ ________	71. $2 = 9 - y$ ________	72. $2 = y - 3$ ________

Name:.................................. Date:..................................

Complete all the activities (Equation-Multiplication).

Solve for the variable.

1. $18 = y \times 2$ ______	2. $4 \times y = 32$ ______	3. $6 \times y = 30$ ______	4. $42 = y \times 6$ ______
5. $y \times 6 = 48$ ______	6. $14 = y \times 7$ ______	7. $72 = y \times 8$ ______	8. $7 \times y = 63$ ______
9. $16 = 8 \times y$ ______	10. $2 \times y = 6$ ______	11. $y \times 3 = 12$ ______	12. $3 \times y = 27$ ______
13. $6 \times y = 12$ ______	14. $24 = 6 \times y$ ______	15. $1 \times y = 3$ ______	16. $y \times 5 = 35$ ______
17. $9 = 3 \times y$ ______	18. $49 = y \times 7$ ______	19. $y \times 7 = 56$ ______	20. $64 = y \times 8$ ______
21. $8 = y \times 1$ ______	22. $5 \times y = 30$ ______	23. $12 = 4 \times y$ ______	24. $36 = y \times 6$ ______
25. $28 = 7 \times y$ ______	26. $y \times 5 = 5$ ______	27. $y \times 1 = 4$ ______	28. $20 = 5 \times y$ ______
29. $y \times 2 = 2$ ______	30. $8 \times y = 24$ ______	31. $y \times 3 = 6$ ______	32. $y \times 1 = 7$ ______
33. $y \times 2 = 12$ ______	34. $y \times 5 = 45$ ______	35. $18 = y \times 3$ ______	36. $40 = 5 \times y$ ______
37. $16 = y \times 2$ ______	38. $y \times 2 = 14$ ______	39. $36 = y \times 9$ ______	40. $1 \times y = 9$ ______
41. $9 \times y = 63$ ______	42. $4 \times y = 28$ ______	43. $y \times 7 = 21$ ______	44. $y \times 9 = 72$ ______
45. $y \times 1 = 5$ ______	46. $y \times 9 = 81$ ______	47. $y \times 6 = 54$ ______	48. $15 = y \times 5$ ______
49. $4 = y \times 4$ ______	50. $9 = y \times 9$ ______	51. $2 = 1 \times y$ ______	52. $y \times 9 = 54$ ______
53. $21 = y \times 3$ ______	54. $y \times 9 = 18$ ______	55. $32 = y \times 8$ ______	56. $y \times 3 = 3$ ______
57. $y \times 8 = 8$ ______	58. $16 = y \times 4$ ______	59. $y \times 8 = 40$ ______	60. $8 = 2 \times y$ ______
61. $y \times 6 = 18$ ______	62. $y \times 8 = 56$ ______	63. $10 = y \times 5$ ______	64. $36 = y \times 4$ ______
65. $9 \times y = 45$ ______	66. $24 = 3 \times y$ ______	67. $y \times 4 = 20$ ______	68. $y \times 7 = 7$ ______
69. $15 = y \times 3$ ______	70. $y \times 8 = 48$ ______	71. $y \times 4 = 24$ ______	72. $2 \times y = 4$ ______

Name:...................................   Date:...................................

Complete all the activities (Equation-Division).

Solve for the variable.

1. $7 = 21 \div y$ ______	2. $56 \div y = 8$ ______	3. $1 = y \div 3$ ______	4. $8 = y \div 3$ ______
5. $5 = 35 \div y$ ______	6. $2 = 14 \div y$ ______	7. $1 = 3 \div y$ ______	8. $8 = 72 \div y$ ______
9. $y \div 7 = 9$ ______	10. $y \div 6 = 7$ ______	11. $1 = y \div 7$ ______	12. $1 = 6 \div y$ ______
13. $54 \div y = 6$ ______	14. $4 = y \div 1$ ______	15. $5 = y \div 6$ ______	16. $15 \div y = 5$ ______
17. $y \div 1 = 5$ ______	18. $3 = 9 \div y$ ______	19. $5 = y \div 7$ ______	20. $48 \div y = 8$ ______
21. $9 = y \div 3$ ______	22. $y \div 2 = 5$ ______	23. $7 = y \div 4$ ______	24. $2 = y \div 7$ ______
25. $5 = 20 \div y$ ______	26. $45 \div y = 5$ ______	27. $9 = 27 \div y$ ______	28. $25 \div y = 5$ ______
29. $y \div 9 = 1$ ______	30. $2 = y \div 2$ ______	31. $20 \div y = 4$ ______	32. $6 \div y = 2$ ______
33. $45 \div y = 9$ ______	34. $y \div 6 = 1$ ______	35. $3 = y \div 4$ ______	36. $3 = 15 \div y$ ______
37. $y \div 5 = 8$ ______	38. $6 = y \div 9$ ______	39. $16 \div y = 8$ ______	40. $2 = y \div 5$ ______
41. $7 = 28 \div y$ ______	42. $7 = y \div 7$ ______	43. $8 = y \div 2$ ______	44. $y \div 8 = 1$ ______
45. $12 \div y = 3$ ______	46. $2 = y \div 3$ ______	47. $y \div 8 = 4$ ______	48. $y \div 9 = 2$ ______
49. $4 = y \div 6$ ______	50. $1 = y \div 5$ ______	51. $y \div 7 = 6$ ______	52. $63 \div y = 9$ ______
53. $y \div 7 = 8$ ______	54. $y \div 2 = 9$ ______	55. $4 = 4 \div y$ ______	56. $y \div 6 = 2$ ______
57. $24 \div y = 8$ ______	58. $3 = y \div 6$ ______	59. $9 = 72 \div y$ ______	60. $36 \div y = 6$ ______
61. $7 \div y = 1$ ______	62. $9 = y \div 9$ ______	63. $8 = y \div 4$ ______	64. $y \div 8 = 8$ ______
65. $y \div 1 = 2$ ______	66. $12 \div y = 2$ ______	67. $2 = 8 \div y$ ______	68. $5 = 30 \div y$ ______
69. $1 \div y = 1$ ______	70. $8 = y \div 1$ ______	71. $6 = y \div 3$ ______	72. $y \div 6 = 8$ ______

Name:.................................. Date:..................................

Complete all the activities (Equation-Multiplication and Addition).

Solve for the variable.

1. $41 = 8y + 1$ _____	2. $3 + 5y = 8$ _____	3. $67 = 7y + 4$ _____	4. $8 + 2y = 26$ _____
5. $6 = 5 + 1y$ _____	6. $4 + 6y = 46$ _____	7. $8y + 6 = 54$ _____	8. $45 = 5 + 5y$ _____
9. $3y + 9 = 36$ _____	10. $38 = 4y + 6$ _____	11. $7y + 5 = 68$ _____	12. $9 + 1y = 14$ _____
13. $17 = 3y + 5$ _____	14. $7 + 4y = 11$ _____	15. $29 = 1 + 7y$ _____	16. $6 + 6y = 30$ _____
17. $5y + 7 = 52$ _____	18. $30 = 9 + 3y$ _____	19. $6 + 2y = 16$ _____	20. $8y + 2 = 26$ _____
21. $55 = 1 + 9y$ _____	22. $64 = 9y + 1$ _____	23. $3y + 8 = 26$ _____	24. $17 = 7y + 3$ _____
25. $9 + 3y = 15$ _____	26. $11 = 5y + 1$ _____	27. $5 + 9y = 23$ _____	28. $71 = 9y + 8$ _____
29. $32 = 8y + 8$ _____	30. $53 = 5 + 8y$ _____	31. $82 = 1 + 9y$ _____	32. $14 = 4 + 5y$ _____
33. $56 = 7y + 7$ _____	34. $25 = 9y + 7$ _____	35. $7 + 5y = 47$ _____	36. $15 = 4y + 3$ _____
37. $48 = 8 + 5y$ _____	38. $37 = 7 + 6y$ _____	39. $4 + 9y = 31$ _____	40. $21 = 2y + 3$ _____
41. $54 = 5 + 7y$ _____	42. $2 + 3y = 26$ _____	43. $25 = 3y + 7$ _____	44. $4 + 8y = 68$ _____
45. $1y + 1 = 4$ _____	46. $5y + 6 = 41$ _____	47. $6y + 6 = 24$ _____	48. $2y + 8 = 12$ _____
49. $15 = 1y + 6$ _____	50. $8 + 7y = 36$ _____	51. $6 + 2y = 8$ _____	52. $6y + 5 = 23$ _____
53. $32 = 2 + 5y$ _____	54. $38 = 2 + 4y$ _____	55. $5y + 6 = 16$ _____	56. $22 = 5y + 7$ _____
57. $11 = 1y + 3$ _____	58. $48 = 8 + 8y$ _____	59. $9 + 6y = 57$ _____	60. $16 = 2 + 2y$ _____
61. $1y + 2 = 6$ _____	62. $3 = 2y + 1$ _____	63. $11 = 7y + 4$ _____	64. $7y + 9 = 30$ _____
65. $27 = 9 + 3y$ _____	66. $3 = 2 + 1y$ _____	67. $39 = 8y + 7$ _____	68. $4 + 6y = 34$ _____
69. $23 = 3 + 4y$ _____	70. $31 = 4y + 3$ _____	71. $16 = 2 + 7y$ _____	72. $1 + 7y = 57$ _____

Name:.................................... Date:....................................

Complete all the activities (Equation-Multiplication and Soustraction).

Solve for the variable.

1. 9y - 9 = 0 ______	2. 13 = 3y - 2 ______	3. 8 = 24 - 8y ______	4. 3y - 2 = 1 ______
5. 5 - 5y = 0 ______	6. 1 = 46 - 9y ______	7. 3y - 3 = 0 ______	8. 24 - 3y = 6 ______
9. 8 = 38 - 5y ______	10. 3y - 5 = 22 ______	11. 28 - 4y = 0 ______	12. 8 = 48 - 8y ______
13. 30 = 6y - 6 ______	14. 64 - 7y = 8 ______	15. 8 = 15 - 1y ______	16. 14 = 7y - 7 ______
17. 8 = 48 - 5y ______	18. 1 = 82 - 9y ______	19. 8 = 26 - 9y ______	20. 8y - 1 = 55 ______
21. 27 = 6y - 3 ______	22. 84 - 9y = 3 ______	23. 47 = 6y - 7 ______	24. 7 = 19 - 2y ______
25. 2y - 5 = 3 ______	26. 69 = 8y - 3 ______	27. 27 - 3y = 9 ______	28. 5 = 8 - 1y ______
29. 2y - 6 = 2 ______	30. 55 = 8y - 9 ______	31. 9y - 9 = 9 ______	32. 51 = 7y - 5 ______
33. 11 - 3y = 8 ______	34. 3y - 5 = 1 ______	35. 70 = 9y - 2 ______	36. 63 - 8y = 7 ______
37. 1y - 1 = 7 ______	38. 4 = 3y - 5 ______	39. 1y - 1 = 1 ______	40. 4y - 8 = 28 ______
41. 7 = 42 - 5y ______	42. 2 = 66 - 8y ______	43. 19 - 3y = 7 ______	44. 2 = 29 - 3y ______
45. 0 = 7 - 1y ______	46. 0 = 2y - 8 ______	47. 51 - 9y = 6 ______	48. 20 = 5y - 5 ______
49. 17 - 3y = 2 ______	50. 3 = 43 - 5y ______	51. 2 = 3y - 7 ______	52. 2 = 3y - 7 ______
53. 1y - 2 = 2 ______	54. 15 = 9y - 3 ______	55. 44 = 5y - 1 ______	56. 44 - 9y = 8 ______
57. 20 = 7y - 1 ______	58. 41 - 9y = 5 ______	59. 15 - 1y = 9 ______	60. 37 - 7y = 9 ______
61. 3y - 8 = 1 ______	62. 9 = 44 - 7y ______	63. 16 - 5y = 1 ______	64. 16 - 2y = 2 ______
65. 12 - 4y = 4 ______	66. 1y - 3 = 1 ______	67. 2y - 2 = 4 ______	68. 9 = 2y - 3 ______
69. 26 = 7y - 9 ______	70. 8y - 4 = 4 ______	71. 5 = 2y - 9 ______	72. 9y - 4 = 59 ______

Name:.................................. Date:..................................

Complete all the activities (Equation-Mixed).

Solve for the variable.

1. 28 = 4y - 4 ______	2. 4 = 36 ÷ y ______	3. 7 - y = 1 ______	4. y ÷ 7 = 8 ______
5. 15 - 2y = 7 ______	6. y + 9 = 12 ______	7. y ÷ 4 = 2 ______	8. 1 = 6 ÷ y ______
9. 9 = 11 - 2y ______	10. 36 - 3y = 9 ______	11. 8 = y ÷ 1 ______	12. 48 = y × 6 ______
13. 4 = 7 - 3y ______	14. 4y - 8 = 16 ______	15. 6 = 8 - y ______	16. 61 = 5 + 7y ______
17. 6 = 2y - 8 ______	18. 18 ÷ y = 3 ______	19. 10 = 3 + y ______	20. y + 6 = 12 ______
21. 15 = y × 5 ______	22. 8 = y - 1 ______	23. 2 + 9y = 47 ______	24. 4 = 8 - y ______
25. 3 = 12 ÷ y ______	26. 4 = 7 - y ______	27. y + 1 = 4 ______	28. y ÷ 4 = 5 ______
29. 10 = y + 4 ______	30. 1 × y = 5 ______	31. 5y + 9 = 34 ______	32. 6 = 30 ÷ y ______
33. 15 ÷ y = 3 ______	34. y + 5 = 10 ______	35. 7 - y = 1 ______	36. 11 = 2y + 9 ______
37. 6 + y = 7 ______	38. y + 4 = 11 ______	39. y - 1 = 6 ______	40. 37 = 9 + 7y ______
41. y ÷ 2 = 9 ______	42. y × 5 = 45 ______	43. 14 = 2 × y ______	44. 25 = 4 + 7y ______
45. 2 - 1y = 0 ______	46. 7 - y = 5 ______	47. 9 + y = 17 ______	48. 9 = 39 - 5y ______
49. 8 - y = 5 ______	50. 3 = y - 5 ______	51. 9 - y = 2 ______	52. 1 = y - 2 ______
53. 6 = y + 2 ______	54. 2 = 5y - 3 ______	55. y - 2 = 7 ______	56. 79 = 7 + 8y ______
57. 3 = 7y - 4 ______	58. 33 = 6 + 9y ______	59. 5 + y = 6 ______	60. 4 - y = 0 ______
61. y × 6 = 12 ______	62. 5 = 23 - 9y ______	63. 71 = 8 + 7y ______	64. 3 × y = 27 ______
65. 12 = 5 + y ______	66. 6 = 24 ÷ y ______	67. y - 2 = 6 ______	68. 81 = 9 × y ______
69. 2 = y ÷ 5 ______	70. 56 = 6y + 8 ______	71. 7 = 49 ÷ y ______	72. y ÷ 3 = 8 ______

Name:.................................. Date:..................................

Complete all the activities.

Evaluate each expression when y = 9.

1. y + 5 = ... 2. 2 + y = ... 3. 6 - y = ... 4. 8 - y = ... 5. 8 + y = ... 6. 5 + y = ...

7. y + 1 = ... 8. y - 4 = ... 9. 9 + y = ... 10. y - 7 = ... 11. 4 + y = ... 12. 3 - y = ...

Evaluate each expression when x = 7.

13. x - 7 = ... 14. x - 9 = ... 15. 7 + x = ... 16. x - 1 = ... 17. 8 + x = ... 18. x + 3 = ...

19. 4 - x = ... 20. x - 2 = ... 21. x - 6 = ... 22. x + 5 = ... 23. 5 + x = ... 24. x + 1 = ...

Evaluate each expression when z = 7.

25. z - 7 = ... 26. z - 9 = ... 27. 7 + z = ... 28. z - 1 = ... 29. 8 + z = ... 30. z + 3 = ...

31. 4 - z = ... 32. z - 2 = ... 33. z - 6 = ... 34. z + 5 = ... 35. 5 + z = ... 36. z + 1 = ...

Evaluate each expression when k = 7.

37. k - 7 = ... 38. k - 9 = ... 39. 7 + k = ... 40. k - 1 = ... 41. 8 + k = ... 42. k + 3 = ...

43. 4 - k = ... 44. k - 2 = ... 45. k - 6 = ... 46. k + 5 = ... 47. 5 + k = ... 48. k + 1 = ...

Evaluate each expression when a = 7.

49. a - 1 = ... 50. a - 8 = ... 51. 3 + a = ... 52. a - 4 = ... 53. 2 + a = ...

54. a + 7 = ... 55. 1 - a = ... 56. a - 6 = ... 57. a - 5 = ... 58. a + 5 = ...

59. 1 + a = ... 60. a + 1 = ... 61. 6 + a = ... 62. 9 - a = ... 63. 5 - a = ...

Evaluate each expression when n = 7.

64. n - 1 = ... 65. n - 8 = ... 66. 3 + n = ... 67. n - 4 = ... 68. 2 + n = ...

69. n + 7 = ... 70. 1 - n = ... 71. n - 6 = ... 72. n - 5 = ... 73. n + 5 = ...

74. 1 + n = ... 75. n + 1 = ... 76. 6 + n = ... 77. 9 - n = ... 78. 5 - n = ...

Name:................................... Date:...................................

Complete all the activities (Equation-Addition).

Solve for the variable.

1. y + 3 = 12 ______	2. 12 = 9 + y ______	3. 15 = y + 6 ______	4. y + 7 = 8 ______
5. 9 + y = 10 ______	6. 3 = 2 + y ______	7. 12 = 6 + y ______	8. y + 3 = 6 ______
9. 9 = y + 3 ______	10. 6 = 4 + y ______	11. 2 + y = 11 ______	12. y + 9 = 13 ______
13. 15 = 7 + y ______	14. 13 = 6 + y ______	15. 10 = 6 + y ______	16. 12 = 4 + y ______
17. 11 = y + 9 ______	18. 5 + y = 9 ______	19. 5 + y = 10 ______	20. 6 + y = 7 ______
21. 6 = 1 + y ______	22. 11 = y + 4 ______	23. 7 = y + 4 ______	24. 2 = 1 + y ______
25. 2 + y = 9 ______	26. y + 8 = 9 ______	27. 15 = 8 + y ______	28. 9 = 7 + y ______
29. y + 1 = 9 ______	30. 8 = 6 + y ______	31. 7 = 1 + y ______	32. 7 = y + 3 ______
33. 4 = y + 2 ______	34. 7 = y + 2 ______	35. 8 = 1 + y ______	36. 5 = 1 + y ______
37. 5 = y + 2 ______	38. 17 = 8 + y ______	39. y + 7 = 13 ______	40. 8 + y = 11 ______
41. 7 + y = 16 ______	42. 16 = y + 9 ______	43. 15 = 9 + y ______	44. 12 = y + 5 ______
45. 4 + y = 9 ______	46. y + 1 = 3 ______	47. 6 = 5 + y ______	48. y + 8 = 12 ______
49. 14 = 7 + y ______	50. 8 + y = 16 ______	51. 8 + y = 14 ______	52. y + 5 = 13 ______
53. 6 = 2 + y ______	54. 8 = y + 4 ______	55. 10 = y + 3 ______	56. 7 + y = 11 ______
57. 3 + y = 8 ______	58. y + 7 = 10 ______	59. 4 + y = 13 ______	60. 9 + y = 17 ______
61. 14 = 6 + y ______	62. 18 = y + 9 ______	63. y + 3 = 5 ______	64. 9 = 6 + y ______
65. 14 = 9 + y ______	66. 2 + y = 8 ______	67. 1 + y = 10 ______	68. 10 = y + 2 ______
69. y + 6 = 11 ______	70. 13 = 8 + y ______	71. 8 = y + 5 ______	72. 11 = y + 5 ______

Name:.................................... Date:....................................

Complete all the activities (Equation-Soustraction).

Solve for the variable.

1. 2 = y - 1 ________	2. 7 = 9 - y ________	3. 5 = 6 - y ________	4. y - 4 = 2 ________
5. 2 = 4 - y ________	6. y - 4 = 4 ________	7. y - 5 = 1 ________	8. 9 - y = 3 ________
9. 7 - y = 1 ________	10. y - 3 = 1 ________	11. 5 - y = 0 ________	12. 0 = 8 - y ________
13. y - 1 = 4 ________	14. 6 = y - 1 ________	15. 2 = 7 - y ________	16. y - 2 = 6 ________
17. 0 = y - 6 ________	18. y - 5 = 4 ________	19. 6 = 7 - y ________	20. 7 - y = 1 ________
21. 3 = y - 3 ________	22. 8 = 9 - y ________	23. 8 - y = 3 ________	24. 4 = 6 - y ________
25. 1 = y - 1 ________	26. 0 = 4 - y ________	27. y - 4 = 1 ________	28. 6 - y = 4 ________
29. 1 = y - 5 ________	30. y - 6 = 2 ________	31. 5 = 8 - y ________	32. y - 5 = 2 ________
33. 8 - y = 2 ________	34. 5 = y - 1 ________	35. 3 = y - 1 ________	36. 4 = 9 - y ________
37. 3 - y = 1 ________	38. y - 1 = 1 ________	39. 3 = y - 2 ________	40. 7 = 8 - y ________
41. y - 4 = 3 ________	42. y - 5 = 3 ________	43. y - 3 = 6 ________	44. 1 = 5 - y ________
45. 7 = y - 2 ________	46. 5 = y - 2 ________	47. y - 4 = 4 ________	48. 6 = 8 - y ________
49. 2 = 6 - y ________	50. 7 = 8 - y ________	51. y - 3 = 2 ________	52. 5 - y = 2 ________
53. 8 = y - 1 ________	54. 5 = 9 - y ________	55. 5 = 9 - y ________	56. 0 = y - 7 ________
57. 3 = y - 1 ________	58. 1 = y - 7 ________	59. 6 - y = 3 ________	60. 3 = y - 4 ________
61. y - 3 = 4 ________	62. 2 = 3 - y ________	63. 2 = 9 - y ________	64. y - 2 = 1 ________
65. 1 = 9 - y ________	66. y - 3 = 1 ________	67. 9 - y = 6 ________	68. 3 - y = 0 ________
69. 2 = 9 - y ________	70. y - 2 = 5 ________	71. 9 - y = 0 ________	72. 5 = y - 3 ________

Name:................................. Date:.................................

Complete all the activities (Equation-Multiplication).

Solve for the variable.

1. $8 = y \times 1$ ______	2. $27 = 9 \times y$ ______	3. $40 = y \times 5$ ______	4. $27 = 3 \times y$ ______
5. $y \times 9 = 9$ ______	6. $3 \times y = 3$ ______	7. $6 = y \times 3$ ______	8. $2 = 1 \times y$ ______
9. $6 = y \times 1$ ______	10. $20 = y \times 5$ ______	11. $7 \times y = 7$ ______	12. $5 = 1 \times y$ ______
13. $y \times 8 = 16$ ______	14. $y \times 4 = 20$ ______	15. $y \times 3 = 18$ ______	16. $18 = y \times 9$ ______
17. $6 \times y = 12$ ______	18. $81 = 9 \times y$ ______	19. $9 \times y = 45$ ______	20. $10 = 2 \times y$ ______
21. $35 = 5 \times y$ ______	22. $y \times 7 = 42$ ______	23. $y \times 4 = 12$ ______	24. $y \times 4 = 24$ ______
25. $24 = y \times 8$ ______	26. $y \times 4 = 28$ ______	27. $y \times 8 = 72$ ______	28. $4 = y \times 2$ ______
29. $3 = 1 \times y$ ______	30. $9 \times y = 36$ ______	31. $24 = y \times 6$ ______	32. $8 = y \times 4$ ______
33. $48 = 6 \times y$ ______	34. $10 = 5 \times y$ ______	35. $35 = y \times 7$ ______	36. $8 \times y = 32$ ______
37. $12 = 3 \times y$ ______	38. $9 = y \times 3$ ______	39. $y \times 7 = 63$ ______	40. $15 = y \times 5$ ______
41. $42 = y \times 6$ ______	42. $6 = 6 \times y$ ______	43. $16 = 4 \times y$ ______	44. $2 \times y = 18$ ______
45. $3 \times y = 24$ ______	46. $y \times 5 = 45$ ______	47. $2 \times y = 8$ ______	48. $y \times 5 = 5$ ______
49. $14 = y \times 7$ ______	50. $2 \times y = 2$ ______	51. $y \times 4 = 32$ ______	52. $36 = y \times 4$ ______
53. $15 = y \times 3$ ______	54. $12 = y \times 2$ ______	55. $1 = y \times 1$ ______	56. $4 = 1 \times y$ ______
57. $56 = y \times 8$ ______	58. $7 \times y = 56$ ______	59. $6 = 2 \times y$ ______	60. $54 = y \times 9$ ______
61. $18 = 6 \times y$ ______	62. $2 \times y = 16$ ______	63. $y \times 6 = 30$ ______	64. $14 = y \times 2$ ______
65. $5 \times y = 30$ ______	66. $72 = 9 \times y$ ______	67. $7 = y \times 1$ ______	68. $54 = 6 \times y$ ______
69. $9 = 1 \times y$ ______	70. $y \times 4 = 4$ ______	71. $40 = y \times 8$ ______	72. $6 \times y = 36$ ______

Name:.................................. Date:..................................

Complete all the activities (Equation-Division).

Solve for the variable.

1. 4 ÷ y = 1 _______	2. 7 = 56 ÷ y _______	3. y ÷ 1 = 1 _______	4. y ÷ 5 = 7 _______
5. 3 = y ÷ 8 _______	6. 9 = 45 ÷ y _______	7. y ÷ 9 = 7 _______	8. 9 ÷ y = 1 _______
9. y ÷ 4 = 3 _______	10. 9 ÷ y = 3 _______	11. 6 = y ÷ 4 _______	12. 3 = y ÷ 7 _______
13. 3 = 18 ÷ y _______	14. 9 = y ÷ 3 _______	15. 7 = y ÷ 6 _______	16. 8 = y ÷ 6 _______
17. y ÷ 6 = 9 _______	18. 20 ÷ y = 4 _______	19. 8 = 48 ÷ y _______	20. 9 = y ÷ 7 _______
21. 18 ÷ y = 9 _______	22. 4 = y ÷ 3 _______	23. y ÷ 9 = 4 _______	24. 7 = 14 ÷ y _______
25. y ÷ 5 = 8 _______	26. 16 ÷ y = 4 _______	27. y ÷ 7 = 4 _______	28. 21 ÷ y = 3 _______
29. 8 = y ÷ 2 _______	30. 1 = 8 ÷ y _______	31. 3 = 6 ÷ y _______	32. y ÷ 5 = 2 _______
33. 40 ÷ y = 8 _______	34. 72 ÷ y = 8 _______	35. 6 = 18 ÷ y _______	36. 5 = y ÷ 3 _______
37. 35 ÷ y = 7 _______	38. 9 = 54 ÷ y _______	39. 4 = 4 ÷ y _______	40. 2 = y ÷ 2 _______
41. 1 = y ÷ 2 _______	42. 3 = y ÷ 1 _______	43. 10 ÷ y = 2 _______	44. y ÷ 6 = 5 _______
45. 6 ÷ y = 1 _______	46. 5 ÷ y = 1 _______	47. 7 = 42 ÷ y _______	48. 8 ÷ y = 2 _______
49. y ÷ 6 = 6 _______	50. 8 = 32 ÷ y _______	51. 9 = y ÷ 5 _______	52. 4 = 28 ÷ y _______
53. 5 = 25 ÷ y _______	54. 3 ÷ y = 3 _______	55. 12 ÷ y = 6 _______	56. y ÷ 6 = 4 _______
57. 6 = 6 ÷ y _______	58. y ÷ 7 = 7 _______	59. 6 ÷ y = 2 _______	60. 2 ÷ y = 1 _______
61. 30 ÷ y = 5 _______	62. 15 ÷ y = 5 _______	63. 5 = 5 ÷ y _______	64. y ÷ 8 = 2 _______
65. 8 = y ÷ 4 _______	66. 8 = 64 ÷ y _______	67. 5 = 20 ÷ y _______	68. y ÷ 9 = 3 _______
69. y ÷ 3 = 8 _______	70. 2 = 12 ÷ y _______	71. y ÷ 9 = 8 _______	72. y ÷ 4 = 2 _______

Name:.................................. Date:..................................

Complete all the activities (Equation-Multiplication and Addition).

Solve for the variable.

1. $1 + 3y = 7$ ______	2. $3 + 5y = 48$ _____	3. $9y + 6 = 33$ _____	4. $2 + 1y = 9$ ______
5. $8 = 4 + 2y$ ______	6. $4 + 3y = 16$ _____	7. $9y + 3 = 30$ _____	8. $33 = 5 + 7y$ _____
9. $23 = 7 + 2y$ _____	10. $39 = 7 + 8y$ _____	11. $17 = 8 + 3y$ _____	12. $7y + 9 = 16$ _____
13. $9 + 5y = 44$ _____	14. $22 = 6y + 4$ _____	15. $9 = 7 + 2y$ ______	16. $5y + 5 = 50$ _____
17. $16 = 3y + 1$ _____	18. $4y + 1 = 5$ ______	19. $33 = 4y + 5$ _____	20. $33 = 1 + 8y$ _____
21. $18 = 4 + 2y$ _____	22. $15 = 7y + 8$ _____	23. $9 + 3y = 24$ _____	24. $4 + 7y = 39$ _____
25. $19 = 1 + 3y$ _____	26. $20 = 2 + 9y$ _____	27. $9 + 6y = 27$ _____	28. $5 + 5y = 35$ _____
29. $11 = 3y + 5$ _____	30. $2 + 2y = 18$ _____	31. $7 + 5y = 32$ _____	32. $9 + 4y = 41$ _____
33. $5y + 2 = 7$ ______	34. $8y + 4 = 12$ _____	35. $7 + 3y = 13$ _____	36. $20 = 3y + 8$ _____
37. $1y + 1 = 10$ _____	38. $8 + 5y = 48$ _____	39. $1y + 5 = 10$ _____	40. $9 + 2y = 21$ _____
41. $1y + 6 = 12$ _____	42. $29 = 2 + 9y$ _____	43. $16 = 3y + 7$ _____	44. $6 = 1y + 2$ ______
45. $28 = 4 + 3y$ _____	46. $44 = 8 + 4y$ _____	47. $4 + 4y = 40$ _____	48. $5y + 6 = 51$ _____
49. $15 = 3 + 6y$ _____	50. $51 = 9y + 6$ _____	51. $1 + 4y = 29$ _____	52. $21 = 2y + 5$ _____
53. $7 + 2y = 25$ _____	54. $2y + 7 = 19$ _____	55. $57 = 8 + 7y$ _____	56. $7 + 8y = 63$ _____
57. $6y + 9 = 63$ _____	58. $27 = 3y + 6$ _____	59. $8 = 1y + 6$ ______	60. $9 = 3 + 6y$ ______
61. $21 = 3 + 3y$ _____	62. $3 + 8y = 35$ _____	63. $5 + 7y = 26$ _____	64. $15 = 9 + 3y$ _____
65. $3y + 2 = 20$ _____	66. $3 + 3y = 18$ _____	67. $2y + 6 = 14$ _____	68. $1y + 4 = 10$ _____
69. $43 = 5y + 3$ _____	70. $4y + 9 = 25$ _____	71. $2 + 9y = 47$ _____	72. $3y + 1 = 25$ _____

Name:................................... Date:...................................

Complete all the activities (Equation-Multiplication and Soustraction).

Solve for the variable.

1. $3y - 3 = 0$ ______	2. $0 = 4 - 1y$ ______	3. $7 = 22 - 5y$ ______	4. $7y - 3 = 60$ ______
5. $22 = 7y - 6$ ______	6. $22 - 8y = 6$ ______	7. $8 = 3y - 1$ ______	8. $4 = 9 - 5y$ ______
9. $6 = 78 - 8y$ ______	10. $13 - 1y = 5$ ______	11. $7 = 4y - 9$ ______	12. $53 - 8y = 5$ ______
13. $63 = 8y - 9$ ______	14. $42 - 8y = 2$ ______	15. $5 = 2y - 7$ ______	16. $6 = 14 - 4y$ ______
17. $4 = 2y - 8$ ______	18. $8y - 6 = 42$ ______	19. $7y - 3 = 11$ ______	20. $17 - 2y = 9$ ______
21. $9y - 3 = 24$ ______	22. $5 = 14 - 1y$ ______	23. $6y - 5 = 37$ ______	24. $8y - 5 = 59$ ______
25. $44 - 5y = 9$ ______	26. $7 = 35 - 7y$ ______	27. $1 = 2 - 1y$ ______	28. $21 - 2y = 7$ ______
29. $1 = 5y - 9$ ______	30. $8 = 8y - 8$ ______	31. $3y - 4 = 20$ ______	32. $8 = 17 - 3y$ ______
33. $1y - 4 = 1$ ______	34. $2 = 16 - 7y$ ______	35. $57 - 7y = 1$ ______	36. $3 = 59 - 8y$ ______
37. $27 = 5y - 8$ ______	38. $7y - 7 = 7$ ______	39. $9 = 49 - 8y$ ______	40. $4 = 28 - 8y$ ______
41. $5 = 26 - 7y$ ______	42. $4 = 85 - 9y$ ______	43. $2 = 3y - 1$ ______	44. $24 - 7y = 3$ ______
45. $48 - 9y = 3$ ______	46. $4y - 3 = 17$ ______	47. $9 = 7y - 5$ ______	48. $42 - 9y = 6$ ______
49. $62 - 6y = 8$ ______	50. $7y - 7 = 56$ ______	51. $25 = 7y - 3$ ______	52. $2 = 14 - 2y$ ______
53. $1 = 2y - 5$ ______	54. $5 = 8 - 3y$ ______	55. $6 = 62 - 8y$ ______	56. $21 - 2y = 9$ ______
57. $3 = 21 - 2y$ ______	58. $1 = 11 - 5y$ ______	59. $4 = 36 - 4y$ ______	60. $53 - 7y = 4$ ______
61. $5y - 9 = 31$ ______	62. $2 = 5 - 3y$ ______	63. $8y - 1 = 63$ ______	64. $19 - 4y = 7$ ______
65. $16 - 2y = 6$ ______	66. $34 = 6y - 2$ ______	67. $5 = 9y - 4$ ______	68. $3 = 1y - 1$ ______
69. $7y - 8 = 20$ ______	70. $29 - 4y = 5$ ______	71. $68 - 8y = 4$ ______	72. $6 = 1y - 2$ ______

Name:.................................... Date:....................................

Complete all the activities (Equation-Mixed).

Solve for the variable.

1. 10 = 7 + y ______	2. y ÷ 4 = 6 ______	3. 11 = y + 3 ______	4. y - 3 = 6 ______
5. 4 + 9y = 31 ______	6. 3 = 2 + y ______	7. 2 = 4 - y ______	8. 10 = 6 + y ______
9. 21 ÷ y = 3 ______	10. 52 = 7 + 5y ______	11. 25 - 5y = 5 ______	12. 30 = 2 + 7y ______
13. 5 = 2 + y ______	14. 5 = 9 - y ______	15. 49 - 7y = 0 ______	16. 12 = 2 × y ______
17. y × 1 = 6 ______	18. 12 = y + 9 ______	19. 32 = y × 4 ______	20. 23 = 6y - 1 ______
21. 1y + 5 = 7 ______	22. 3 = 1y - 3 ______	23. 1 = 17 - 8y ______	24. 6 × y = 6 ______
25. 5 × y = 45 ______	26. 6 × y = 48 ______	27. 26 = 5 + 7y ______	28. y × 3 = 15 ______
29. 1 = y - 5 ______	30. 12 ÷ y = 3 ______	31. 9 = y ÷ 9 ______	32. 6 = y + 1 ______
33. 6 = y + 3 ______	34. 31 - 3y = 4 ______	35. 5 = y - 4 ______	36. 9 + y = 11 ______
37. 20 = 4 + 4y ______	38. 2y - 2 = 12 ______	39. 4 + y = 5 ______	40. 4 = 9y - 5 ______
41. 9 = 37 - 4y ______	42. 44 - 8y = 4 ______	43. 6 = 3 × y ______	44. 5y + 8 = 18 ______
45. 13 = y + 7 ______	46. 15 - 3y = 0 ______	47. 6 - y = 3 ______	48. 45 = y × 9 ______
49. 72 = 8 × y ______	50. y + 8 = 12 ______	51. 16 = 8 + y ______	52. 30 ÷ y = 6 ______
53. 5 + 7y = 54 ______	54. 20 = 9y + 2 ______	55. 1 = 2y - 7 ______	56. y + 1 = 2 ______
57. 0 = 72 - 9y ______	58. 0 = y - 6 ______	59. 27 = 9 + 3y ______	60. 9y + 3 = 12 ______
61. 8y + 5 = 69 ______	62. 8 = y + 1 ______	63. y + 9 = 17 ______	64. 8 - y = 7 ______
65. 22 - 3y = 7 ______	66. 6 = 42 ÷ y ______	67. y ÷ 7 = 8 ______	68. y ÷ 9 = 1 ______
69. 3 = 24 - 3y ______	70. 4 = y - 2 ______	71. 3 = 8 - 1y ______	72. 9y - 7 = 2 ______

Name:.................................. Date:..................................

Complete all the activities.

Evaluate each expression when y = 7.

1. y + 8 = ... 2. y - 3 = ... 3. 5 - y = ... 4. y - 9 = ... 5. 1 - y = ... 6. 4 + y = ...

7. y - 7 = ... 8. y + 1 = ... 9. 1 + y = ... 10. 4 - y = ... 11. 3 + y = ... 12. y + 9 = ...

Evaluate each expression when x = 7.

13. x + 4 = ... 14. x + 6 = ... 15. 5 + x = ... 16. 2 + x = ... 17. 3 - x = ... 18. x - 8 = ...

19. 9 + x = ... 20. 4 + x = ... 21. 3 + x = ... 22. x - 5 = ... 23. x - 2 = ... 24. x + 2 = ...

Evaluate each expression when z = 7.

25. z + 4 = ... 26. z + 6 = ... 27. 5 + z = ... 28. 2 + z = ... 29. 3 - z = ... 30. z - 8 = ...

31. 9 + z = ... 32. 4 + z = ... 33. 3 + z = ... 34. z - 5 = ... 35. z - 2 = ... 36. z + 2 = ...

Evaluate each expression when k = 7.

37. k + 4 = ... 38. k + 6 = ... 39. 5 + k = ... 40. 2 + k = ... 41. 3 - k = ... 42. k - 8 = ...

43. 9 + k = ... 44. 4 + k = ... 45. 3 + k = ... 46. k - 5 = ... 47. k - 2 = ... 48. k + 2 = ...

Evaluate each expression when a = 2.

49. 4 + a = ... 50. 2 + a = ... 51. 5 + a = ... 52. a - 3 = ... 53. a - 5 = ...

54. a + 6 = ... 55. 2 - a = ... 56. a - 9 = ... 57. 9 + a = ... 58. a - 7 = ...

59. a + 5 = ... 60. a + 7 = ... 61. 1 - a = ... 62. a + 3 = ... 63. 3 - a = ...

Evaluate each expression when n = 2.

64. 4 + n = ... 65. 2 + n = ... 66. 5 + n = ... 67. n - 3 = ... 68. n - 5 = ...

69. n + 6 = ... 70. 2 - n = ... 71. n - 9 = ... 72. 9 + n = ... 73. n - 7 = ...

74. n + 5 = ... 75. n + 7 = ... 76. 1 - n = ... 77. n + 3 = ... 78. 3 - n = ...

Name:.................................... Date:....................................

Complete all the activities (Equation-Addition).

Solve for the variable.

1. 8 + y = 13 ______	2. y + 5 = 9 ______	3. 13 = y + 5 ______	4. y + 5 = 12 ______
5. 14 = y + 7 ______	6. 5 = 2 + y ______	7. y + 1 = 10 ______	8. 11 = y + 3 ______
9. 14 = y + 8 ______	10. 14 = 6 + y ______	11. y + 2 = 10 ______	12. 7 = y + 2 ______
13. 8 = 6 + y ______	14. 8 = 7 + y ______	15. 12 = y + 3 ______	16. 3 + y = 9 ______
17. y + 5 = 7 ______	18. 3 + y = 10 ______	19. y + 2 = 4 ______	20. y + 9 = 15 ______
21. 10 = y + 4 ______	22. y + 5 = 10 ______	23. 9 = y + 2 ______	24. 10 = 6 + y ______
25. y + 9 = 18 ______	26. y + 9 = 12 ______	27. 7 = 6 + y ______	28. y + 7 = 16 ______
29. 3 = y + 2 ______	30. y + 2 = 6 ______	31. 11 = y + 2 ______	32. 5 + y = 11 ______
33. 3 = y + 1 ______	34. 12 = 8 + y ______	35. 15 = 6 + y ______	36. 11 = 8 + y ______
37. 17 = y + 8 ______	38. 8 + y = 9 ______	39. y + 1 = 2 ______	40. 9 + y = 16 ______
41. 6 = 1 + y ______	42. y + 9 = 14 ______	43. y + 1 = 5 ______	44. 9 = 7 + y ______
45. y + 4 = 6 ______	46. 7 + y = 12 ______	47. 9 + y = 13 ______	48. 8 + y = 10 ______
49. y + 1 = 7 ______	50. y + 7 = 13 ______	51. 15 = 8 + y ______	52. y + 5 = 14 ______
53. 4 + y = 13 ______	54. 11 = y + 4 ______	55. 10 = y + 7 ______	56. y + 4 = 12 ______
57. 11 = 9 + y ______	58. 9 = y + 4 ______	59. 16 = y + 8 ______	60. y + 4 = 5 ______
61. y + 5 = 8 ______	62. y + 1 = 4 ______	63. 4 = 3 + y ______	64. y + 3 = 5 ______
65. 11 = 7 + y ______	66. y + 6 = 11 ______	67. 6 = y + 5 ______	68. 8 = y + 3 ______
69. 8 = y + 4 ______	70. 15 = y + 7 ______	71. 8 = y + 2 ______	72. 9 = 1 + y ______

Name:...................................   Date:...................................

Complete all the activities (Equation-Soustraction).

Solve for the variable.

1. $7 = 8 - y$ ________	2. $y - 1 = 7$ ________	3. $y - 1 = 0$ ________	4. $0 = 3 - y$ ________
5. $y - 1 = 1$ ________	6. $3 - y = 1$ ________	7. $9 - y = 2$ ________	8. $y - 7 = 0$ ________
9. $y - 8 = 1$ ________	10. $5 = y - 3$ ________	11. $4 = 8 - y$ ________	12. $6 - y = 2$ ________
13. $3 = y - 4$ ________	14. $3 = 6 - y$ ________	15. $0 = y - 4$ ________	16. $2 = y - 6$ ________
17. $9 - y = 6$ ________	18. $2 = 5 - y$ ________	19. $4 = y - 2$ ________	20. $6 - y = 4$ ________
21. $8 = 9 - y$ ________	22. $y - 2 = 0$ ________	23. $3 = 8 - y$ ________	24. $3 = 6 - y$ ________
25. $y - 2 = 1$ ________	26. $7 - y = 1$ ________	27. $1 = 2 - y$ ________	28. $8 - y = 1$ ________
29. $3 = y - 2$ ________	30. $y - 5 = 0$ ________	31. $2 = y - 2$ ________	32. $2 = 6 - y$ ________
33. $8 - y = 4$ ________	34. $y - 5 = 4$ ________	35. $2 = y - 5$ ________	36. $5 = y - 1$ ________
37. $1 = y - 3$ ________	38. $1 = 6 - y$ ________	39. $0 = y - 6$ ________	40. $3 = y - 5$ ________
41. $y - 2 = 2$ ________	42. $1 = y - 8$ ________	43. $8 - y = 6$ ________	44. $4 = 7 - y$ ________
45. $9 - y = 3$ ________	46. $7 = y - 2$ ________	47. $6 = y - 1$ ________	48. $4 = y - 3$ ________
49. $y - 6 = 1$ ________	50. $3 = 5 - y$ ________	51. $y - 4 = 5$ ________	52. $9 - y = 6$ ________
53. $0 = y - 8$ ________	54. $2 = y - 1$ ________	55. $5 = y - 3$ ________	56. $5 - y = 1$ ________
57. $y - 1 = 5$ ________	58. $9 - y = 8$ ________	59. $9 - y = 2$ ________	60. $1 = y - 7$ ________
61. $1 = y - 3$ ________	62. $y - 2 = 5$ ________	63. $5 = y - 4$ ________	64. $y - 5 = 1$ ________
65. $6 = y - 1$ ________	66. $y - 6 = 2$ ________	67. $3 = 9 - y$ ________	68. $9 - y = 7$ ________
69. $4 - y = 3$ ________	70. $1 = 5 - y$ ________	71. $8 - y = 6$ ________	72. $4 = y - 1$ ________

Name:.................................. Date:..................................

Complete all the activities (Equation-Multiplication).

Solve for the variable.

1. y × 8 = 64 ______	2. y × 6 = 18 ______	3. 3 = 3 × y ______	4. 3 × y = 27 ______
5. 24 = 8 × y ______	6. 6 = 3 × y ______	7. 36 = y × 4 ______	8. 45 = 9 × y ______
9. 63 = 7 × y ______	10. 5 × y = 30 ______	11. 56 = y × 8 ______	12. 15 = 5 × y ______
13. 12 = y × 4 ______	14. 12 = y × 3 ______	15. y × 9 = 63 ______	16. 7 = 7 × y ______
17. 14 = 7 × y ______	18. 36 = 6 × y ______	19. y × 5 = 10 ______	20. 5 = 1 × y ______
21. 32 = y × 8 ______	22. 4 × y = 20 ______	23. 12 = 2 × y ______	24. 16 = 2 × y ______
25. 25 = 5 × y ______	26. 24 = y × 3 ______	27. 81 = 9 × y ______	28. 8 × y = 48 ______
29. y × 7 = 21 ______	30. 1 × y = 8 ______	31. 72 = 9 × y ______	32. 6 × y = 12 ______
33. 27 = y × 9 ______	34. 24 = 6 × y ______	35. 36 = 9 × y ______	36. 14 = 2 × y ______
37. 8 = 8 × y ______	38. y × 2 = 18 ______	39. 6 × y = 54 ______	40. 2 × y = 10 ______
41. 35 = y × 5 ______	42. y × 9 = 18 ______	43. 6 = 1 × y ______	44. 1 = 1 × y ______
45. 5 × y = 40 ______	46. 21 = y × 3 ______	47. 16 = y × 8 ______	48. 2 = y × 2 ______
49. 35 = y × 7 ______	50. 2 = y × 1 ______	51. y × 7 = 49 ______	52. y × 4 = 28 ______
53. 7 × y = 56 ______	54. 28 = 7 × y ______	55. y × 1 = 3 ______	56. 4 × y = 8 ______
57. y × 4 = 32 ______	58. 6 × y = 30 ______	59. y × 4 = 16 ______	60. y × 7 = 42 ______
61. 6 = 2 × y ______	62. 3 × y = 15 ______	63. 18 = 3 × y ______	64. 7 = 1 × y ______
65. y × 1 = 9 ______	66. y × 2 = 4 ______	67. 8 × y = 72 ______	68. 6 × y = 6 ______
69. 5 = 5 × y ______	70. 54 = 9 × y ______	71. 4 = 1 × y ______	72. 42 = y × 6 ______

Name:................................... Date:...................................

Complete all the activities (Equation-Division).

Solve for the variable.

1. 6 = y ÷ 6 _______	2. 6 = y ÷ 7 _______	3. y ÷ 5 = 6 _______	4. y ÷ 1 = 4 _______
5. 8 = y ÷ 1 _______	6. 8 = y ÷ 9 _______	7. y ÷ 8 = 6 _______	8. 24 ÷ y = 8 _______
9. y ÷ 9 = 3 _______	10. 8 = 8 ÷ y _______	11. y ÷ 8 = 7 _______	12. 8 = 16 ÷ y _______
13. 40 ÷ y = 8 _______	14. 28 ÷ y = 7 _______	15. 2 = 4 ÷ y _______	16. 1 = y ÷ 6 _______
17. y ÷ 3 = 1 _______	18. y ÷ 4 = 8 _______	19. 3 = y ÷ 7 _______	20. 9 = y ÷ 6 _______
21. 1 ÷ y = 1 _______	22. y ÷ 8 = 9 _______	23. 3 = 6 ÷ y _______	24. 6 = 42 ÷ y _______
25. y ÷ 3 = 5 _______	26. 3 = 21 ÷ y _______	27. 15 ÷ y = 5 _______	28. y ÷ 6 = 8 _______
29. 4 = y ÷ 3 _______	30. 5 ÷ y = 1 _______	31. 6 = y ÷ 9 _______	32. 8 = y ÷ 2 _______
33. 3 = y ÷ 6 _______	34. 4 = 28 ÷ y _______	35. 1 = 2 ÷ y _______	36. 9 = y ÷ 2 _______
37. 6 = y ÷ 3 _______	38. y ÷ 5 = 9 _______	39. y ÷ 4 = 9 _______	40. 4 = y ÷ 8 _______
41. y ÷ 9 = 1 _______	42. y ÷ 5 = 8 _______	43. 8 = 64 ÷ y _______	44. 4 ÷ y = 4 _______
45. 1 = y ÷ 7 _______	46. y ÷ 3 = 3 _______	47. y ÷ 4 = 6 _______	48. y ÷ 7 = 8 _______
49. 7 = 49 ÷ y _______	50. 9 = 45 ÷ y _______	51. 14 ÷ y = 2 _______	52. 2 = 12 ÷ y _______
53. 5 = 5 ÷ y _______	54. 10 ÷ y = 5 _______	55. 5 = 25 ÷ y _______	56. 9 = 36 ÷ y _______
57. 24 ÷ y = 3 _______	58. 9 ÷ y = 1 _______	59. 9 = y ÷ 9 _______	60. y ÷ 7 = 9 _______
61. 18 ÷ y = 9 _______	62. 4 = 16 ÷ y _______	63. 20 ÷ y = 5 _______	64. y ÷ 4 = 5 _______
65. y ÷ 2 = 4 _______	66. 3 = y ÷ 2 _______	67. 7 = y ÷ 1 _______	68. 3 = 27 ÷ y _______
69. 2 = y ÷ 7 _______	70. 5 = y ÷ 6 _______	71. 35 ÷ y = 7 _______	72. 12 ÷ y = 6 _______

Name:................................... Date:..................................

Complete all the activities (Equation-Multiplication and Addition).

Solve for the variable.

1. $18 = 3y + 3$ _____	2. $49 = 5y + 4$ _____	3. $4 + 8y = 28$ _____	4. $55 = 6y + 7$ _____
5. $8 = 7y + 1$ _____	6. $5y + 6 = 51$ _____	7. $5 + 3y = 8$ _____	8. $3 + 9y = 30$ _____
9. $2y + 4 = 16$ _____	10. $56 = 2 + 6y$ _____	11. $15 = 9 + 1y$ _____	12. $3 + 6y = 45$ _____
13. $1y + 5 = 9$ _____	14. $3 + 7y = 10$ _____	15. $36 = 4y + 4$ _____	16. $5 + 6y = 53$ _____
17. $30 = 6y + 6$ _____	18. $4y + 8 = 12$ _____	19. $8y + 6 = 62$ _____	20. $1y + 1 = 6$ _____
21. $16 = 1 + 5y$ _____	22. $5y + 1 = 11$ _____	23. $4y + 2 = 34$ _____	24. $6y + 2 = 38$ _____
25. $43 = 4y + 7$ _____	26. $2y + 9 = 25$ _____	27. $25 = 3y + 7$ _____	28. $25 = 4y + 5$ _____
29. $14 = 2 + 6y$ _____	30. $8y + 2 = 42$ _____	31. $8 + 4y = 20$ _____	32. $49 = 6y + 7$ _____
33. $18 = 9 + 1y$ _____	34. $6y + 5 = 41$ _____	35. $10 = 2 + 8y$ _____	36. $1 + 4y = 37$ _____
37. $29 = 4 + 5y$ _____	38. $6 + 5y = 31$ _____	39. $7 + 2y = 13$ _____	40. $8 + 8y = 40$ _____
41. $3y + 9 = 21$ _____	42. $17 = 8y + 9$ _____	43. $32 = 5y + 7$ _____	44. $29 = 8 + 3y$ _____
45. $29 = 1 + 4y$ _____	46. $21 = 2y + 3$ _____	47. $3 + 3y = 27$ _____	48. $9y + 5 = 68$ _____
49. $2y + 7 = 11$ _____	50. $8 + 5y = 38$ _____	51. $3y + 3 = 9$ _____	52. $7y + 6 = 13$ _____
53. $44 = 4y + 8$ _____	54. $9y + 2 = 65$ _____	55. $6 + 3y = 12$ _____	56. $22 = 6 + 2y$ _____
57. $4 + 7y = 53$ _____	58. $39 = 3 + 9y$ _____	59. $5 + 5y = 50$ _____	60. $9 + 5y = 24$ _____
61. $20 = 2 + 6y$ _____	62. $19 = 9 + 5y$ _____	63. $5y + 5 = 20$ _____	64. $3y + 4 = 7$ _____
65. $1y + 8 = 10$ _____	66. $33 = 1 + 8y$ _____	67. $1 + 7y = 43$ _____	68. $23 = 2y + 9$ _____
69. $51 = 3 + 8y$ _____	70. $9 + 2y = 19$ _____	71. $24 = 6y + 6$ _____	72. $4y + 8 = 28$ _____

Name:................................... Date:...................................

Complete all the activities (Equation-Multiplication and Soustraction).

Solve for the variable.

1. 43 - 7y = 8 ______	2. 2y - 8 = 8 ______	3. 8y - 7 = 1 ______	4. 2 = 26 - 6y ______
5. 5y - 5 = 0 ______	6. 16 - 4y = 8 ______	7. 8y - 7 = 65 ______	8. 6y - 2 = 22 ______
9. 11 - 1y = 6 ______	10. 13 - 9y = 4 ______	11. 14 - 5y = 4 ______	12. 0 = 28 - 7y ______
13. 36 - 5y = 1 ______	14. 26 - 4y = 2 ______	15. 3y - 5 = 1 ______	16. 3 = 4y - 1 ______
17. 29 = 7y - 6 ______	18. 40 = 8y - 8 ______	19. 9y - 4 = 5 ______	20. 8y - 7 = 49 ______
21. 4y - 3 = 29 ______	22. 18 - 1y = 9 ______	23. 24 - 4y = 4 ______	24. 61 = 7y - 2 ______
25. 7y - 8 = 13 ______	26. 7 = 9 - 2y ______	27. 3y - 8 = 1 ______	28. 9 = 39 - 5y ______
29. 3 = 21 - 3y ______	30. 6 = 42 - 6y ______	31. 22 - 2y = 6 ______	32. 4 = 2y - 4 ______
33. 18 - 7y = 4 ______	34. 5 = 32 - 9y ______	35. 13 - 2y = 7 ______	36. 3 = 11 - 2y ______
37. 49 - 5y = 9 ______	38. 7 = 21 - 7y ______	39. 6y - 5 = 37 ______	40. 8y - 7 = 25 ______
41. 6y - 3 = 21 ______	42. 47 - 8y = 7 ______	43. 5 = 15 - 2y ______	44. 9y - 9 = 72 ______
45. 54 - 7y = 5 ______	46. 9 = 9y - 9 ______	47. 27 - 9y = 0 ______	48. 5 = 61 - 7y ______
49. 2y - 5 = 11 ______	50. 6 = 15 - 3y ______	51. 28 = 6y - 2 ______	52. 13 - 3y = 7 ______
53. 18 = 9y - 9 ______	54. 4y - 9 = 7 ______	55. 73 - 8y = 1 ______	56. 3 = 59 - 8y ______
57. 12 - 7y = 5 ______	58. 17 - 7y = 3 ______	59. 14 = 3y - 4 ______	60. 6 - 3y = 3 ______
61. 9y - 6 = 21 ______	62. 6 = 62 - 8y ______	63. 17 = 3y - 7 ______	64. 3 = 1y - 3 ______
65. 2 = 74 - 8y ______	66. 1y - 2 = 0 ______	67. 8y - 1 = 71 ______	68. 4y - 3 = 25 ______
69. 21 - 5y = 6 ______	70. 7y - 7 = 35 ______	71. 0 = 16 - 2y ______	72. 2 = 2y - 4 ______

Name:.................................... Date:....................................

Complete all the activities (Equation-Mixed).

Solve for the variable.

1. $7 = y \div 8$ ______	2. $y \div 4 = 7$ ______	3. $35 = y \times 5$ ______	4. $y - 3 = 5$ ______
5. $10 = 8 + y$ ______	6. $44 - 4y = 8$ ______	7. $3 = y \div 5$ ______	8. $8 + 2y = 10$ ______
9. $3y - 2 = 13$ ______	10. $29 - 4y = 1$ ______	11. $1 = 8 \div y$ ______	12. $y \times 7 = 56$ ______
13. $2y - 5 = 3$ ______	14. $y + 2 = 9$ ______	15. $7 = 17 - 2y$ ______	16. $24 \div y = 6$ ______
17. $1 = y - 8$ ______	18. $8 = 32 \div y$ ______	19. $y \times 1 = 4$ ______	20. $11 = y + 9$ ______
21. $y + 3 = 10$ ______	22. $7 - y = 6$ ______	23. $1 = 1y - 3$ ______	24. $y - 8 = 1$ ______
25. $5 + y = 11$ ______	26. $7 \div y = 7$ ______	27. $5y + 4 = 14$ ______	28. $6 - 2y = 4$ ______
29. $7 = 6y - 5$ ______	30. $y \times 9 = 54$ ______	31. $11 = 2y + 7$ ______	32. $3 = y \div 9$ ______
33. $8 = y \div 2$ ______	34. $14 = y + 5$ ______	35. $y + 8 = 16$ ______	36. $9y - 6 = 75$ ______
37. $11 = 4y - 9$ ______	38. $y + 2 = 3$ ______	39. $27 = 3 \times y$ ______	40. $8 \times y = 40$ ______
41. $y \div 9 = 4$ ______	42. $3 = 6 \div y$ ______	43. $81 = 9 \times y$ ______	44. $8 = 3y + 5$ ______
45. $49 \div y = 7$ ______	46. $2 + y = 11$ ______	47. $33 - 6y = 3$ ______	48. $1y + 4 = 9$ ______
49. $7 = 3 + 4y$ ______	50. $25 = 5 \times y$ ______	51. $12 = 2y + 6$ ______	52. $8y - 3 = 21$ ______
53. $46 - 5y = 6$ ______	54. $42 = 6 \times y$ ______	55. $77 - 8y = 5$ ______	56. $6 + y = 11$ ______
57. $1 = 5 \div y$ ______	58. $50 = 8 + 7y$ ______	59. $2 = 4 \div y$ ______	60. $5 + y = 13$ ______
61. $y \div 3 = 6$ ______	62. $6 + y = 12$ ______	63. $6 = 1 \times y$ ______	64. $11 - 2y = 5$ ______
65. $9 = 9 \div y$ ______	66. $61 = 9y + 7$ ______	67. $8 = y + 4$ ______	68. $4 + y = 7$ ______
69. $2 = 6 \div y$ ______	70. $y \div 2 = 4$ ______	71. $1 + 8y = 17$ ______	72. $3 = y \div 7$ ______

Name:................................. Date:.................................

Complete all the activities.

Evaluate each expression when y = 4.

1. 4 + y = ... 2. y - 1 = ... 3. y - 6 = ... 4. y + 9 = ... 5. y + 8 = ... 6. 3 - y = ...

7. 9 + y = ... 8. 6 + y = ... 9. y - 7 = ... 10. y - 9 = ... 11. 1 + y = ... 12. 7 + y = ...

Evaluate each expression when x = 3.

13. 3 - x = ... 14. 7 - x = ... 15. x + 7 = ... 16. 5 - x = ... 17. 9 - x = ... 18. x - 5 = ...

19. 3 + x = ... 20. x - 9 = ... 21. 4 + x = ... 22. 7 + x = ... 23. x + 2 = ... 24. x + 8 = ...

Evaluate each expression when z = 3.

25. 3 - z = ... 26. 7 - z = ... 27. z + 7 = ... 28. 5 - z = ... 29. 9 - z = ... 30. z - 5 = ...

31. 3 + z = ... 32. z - 9 = ... 33. 4 + z = ... 34. 7 + z = ... 35. z + 2 = ... 36. z + 8 = ...

Evaluate each expression when k = 3.

37. 3 - k = ... 38. 7 - k = ... 39. k + 7 = ... 40. 5 - k = ... 41. 9 - k = ... 42. k - 5 = ...

43. 3 + k = ... 44. k - 9 = ... 45. 4 + k = ... 46. 7 + k = ... 47. k + 2 = ... 48. k + 8 = ...

Evaluate each expression when a = 6.

49. 1 + a = ... 50. 4 + a = ... 51. a - 2 = ... 52. 4 - a = ... 53. 5 + a = ...

54. a - 4 = ... 55. 1 - a = ... 56. a - 8 = ... 57. 3 + a = ... 58. a - 7 = ...

59. a + 7 = ... 60. 7 - a = ... 61. 8 + a = ... 62. a - 9 = ... 63. a + 1 = ...

Evaluate each expression when n = 6.

64. 1 + n = ... 65. 4 + n = ... 66. n - 2 = ... 67. 4 - n = ... 68. 5 + n = ...

69. n - 4 = ... 70. 1 - n = ... 71. n - 8 = ... 72. 3 + n = ... 73. n - 7 = ...

74. n + 7 = ... 75. 7 - n = ... 76. 8 + n = ... 77. n - 9 = ... 78. n + 1 = ...

Name:.................................. Date:..................................

Complete all the activities (Equation-Addition).

Solve for the variable.

1. 11 = y + 5 ______	2. 8 + y = 11 ______	3. 2 = y + 1 ______	4. 6 = y + 5 ______
5. 10 = 4 + y ______	6. 12 = y + 8 ______	7. 5 = 4 + y ______	8. 10 = y + 7 ______
9. 3 + y = 7 ______	10. 15 = 9 + y ______	11. 17 = 8 + y ______	12. 7 = y + 2 ______
13. 10 = y + 6 ______	14. 8 = 4 + y ______	15. y + 2 = 3 ______	16. 11 = 9 + y ______
17. 6 = 2 + y ______	18. 5 + y = 14 ______	19. 8 = 3 + y ______	20. 15 = y + 8 ______
21. 6 + y = 8 ______	22. y + 8 = 16 ______	23. 8 = y + 1 ______	24. 7 = y + 5 ______
25. 8 = y + 7 ______	26. y + 6 = 14 ______	27. 5 + y = 8 ______	28. 12 = 4 + y ______
29. 11 = 4 + y ______	30. y + 7 = 12 ______	31. 12 = 6 + y ______	32. 11 = y + 6 ______
33. 4 + y = 6 ______	34. 17 = y + 9 ______	35. 8 + y = 14 ______	36. 4 = y + 2 ______
37. 6 = y + 3 ______	38. 13 = 6 + y ______	39. 14 = y + 7 ______	40. 3 + y = 9 ______
41. 8 + y = 10 ______	42. 2 + y = 11 ______	43. 4 + y = 9 ______	44. 1 + y = 4 ______
45. 5 = 3 + y ______	46. 6 + y = 15 ______	47. 1 + y = 9 ______	48. 9 + y = 18 ______
49. y + 3 = 11 ______	50. 7 = y + 4 ______	51. 9 + y = 13 ______	52. 8 + y = 13 ______
53. 9 = y + 6 ______	54. y + 3 = 10 ______	55. 9 + y = 16 ______	56. y + 9 = 10 ______
57. 5 = y + 1 ______	58. 2 + y = 10 ______	59. 1 + y = 10 ______	60. 4 = y + 3 ______
61. 9 + y = 12 ______	62. 9 = 2 + y ______	63. 6 = 1 + y ______	64. y + 6 = 7 ______
65. 13 = 7 + y ______	66. 5 + y = 10 ______	67. 16 = 7 + y ______	68. 14 = 9 + y ______
69. 7 = 1 + y ______	70. y + 5 = 13 ______	71. 5 + y = 12 ______	72. 4 + y = 13 ______

Name:.................................... Date:....................................

Complete all the activities (Equation-Soustraction).

Solve for the variable.

1. 6 - y = 1 ________	2. y - 3 = 6 ________	3. y - 2 = 1 ________	4. 1 = y - 6 ________
5. y - 2 = 4 ________	6. 3 = y - 6 ________	7. 1 = 2 - y ________	8. 3 = y - 5 ________
9. 4 - y = 1 ________	10. 0 = 8 - y ________	11. 5 = y - 1 ________	12. 3 = 6 - y ________
13. y - 1 = 7 ________	14. y - 3 = 4 ________	15. 9 - y = 2 ________	16. 2 = 3 - y ________
17. 1 = 9 - y ________	18. 4 = y - 5 ________	19. 3 = y - 2 ________	20. y - 1 = 6 ________
21. y - 1 = 0 ________	22. 9 - y = 0 ________	23. y - 6 = 2 ________	24. 5 = 8 - y ________
25. 6 = y - 2 ________	26. y - 2 = 7 ________	27. y - 5 = 4 ________	28. 2 = y - 5 ________
29. 3 = y - 4 ________	30. 4 - y = 2 ________	31. 1 = y - 7 ________	32. 3 = 4 - y ________
33. 1 = 5 - y ________	34. y - 1 = 5 ________	35. 0 = y - 4 ________	36. 3 = y - 2 ________
37. 5 - y = 1 ________	38. 9 - y = 5 ________	39. y - 1 = 2 ________	40. 4 = 5 - y ________
41. 2 - y = 0 ________	42. y - 1 = 3 ________	43. 5 - y = 2 ________	44. y - 4 = 4 ________
45. 8 - y = 1 ________	46. y - 6 = 2 ________	47. y - 1 = 1 ________	48. 4 = 8 - y ________
49. 2 = 4 - y ________	50. 1 = 6 - y ________	51. 3 = 7 - y ________	52. 1 = y - 3 ________
53. y - 2 = 5 ________	54. 7 = y - 1 ________	55. 8 = y - 1 ________	56. 5 = 7 - y ________
57. 6 - y = 4 ________	58. 3 - y = 0 ________	59. 3 = y - 6 ________	60. 6 - y = 3 ________
61. 1 = 9 - y ________	62. 1 = 3 - y ________	63. 9 - y = 8 ________	64. y - 5 = 0 ________
65. 2 = y - 7 ________	66. 6 = y - 1 ________	67. 9 - y = 6 ________	68. 0 = y - 7 ________
69. y - 6 = 0 ________	70. 2 = 6 - y ________	71. y - 4 = 5 ________	72. 7 - y = 4 ________

Name:.................................. Date:..................................

Complete all the activities (Equation-Multiplication).

Solve for the variable.

1. $8 \times y = 56$ ______	2. $8 = 1 \times y$ ______	3. $8 = 4 \times y$ ______	4. $y \times 2 = 18$ ______
5. $5 \times y = 15$ ______	6. $y \times 1 = 3$ ______	7. $24 = y \times 6$ ______	8. $5 = y \times 1$ ______
9. $y \times 2 = 10$ ______	10. $6 \times y = 30$ ______	11. $7 \times y = 63$ ______	12. $1 \times y = 1$ ______
13. $6 \times y = 36$ ______	14. $54 = 9 \times y$ ______	15. $6 = 2 \times y$ ______	16. $2 \times y = 16$ ______
17. $6 \times y = 54$ ______	18. $36 = 9 \times y$ ______	19. $y \times 9 = 72$ ______	20. $21 = 7 \times y$ ______
21. $y \times 3 = 18$ ______	22. $7 \times y = 35$ ______	23. $2 \times y = 8$ ______	24. $4 \times y = 32$ ______
25. $y \times 9 = 45$ ______	26. $40 = y \times 5$ ______	27. $9 = 9 \times y$ ______	28. $40 = y \times 8$ ______
29. $49 = 7 \times y$ ______	30. $y \times 4 = 28$ ______	31. $21 = 3 \times y$ ______	32. $6 = 1 \times y$ ______
33. $15 = 3 \times y$ ______	34. $1 \times y = 9$ ______	35. $y \times 3 = 24$ ______	36. $y \times 8 = 64$ ______
37. $y \times 6 = 42$ ______	38. $10 = 5 \times y$ ______	39. $18 = 6 \times y$ ______	40. $y \times 8 = 8$ ______
41. $16 = 4 \times y$ ______	42. $8 \times y = 72$ ______	43. $4 = y \times 1$ ______	44. $6 = y \times 3$ ______
45. $18 = 9 \times y$ ______	46. $56 = 7 \times y$ ______	47. $3 = 3 \times y$ ______	48. $5 \times y = 25$ ______
49. $y \times 2 = 12$ ______	50. $48 = 6 \times y$ ______	51. $6 \times y = 6$ ______	52. $2 \times y = 2$ ______
53. $4 = y \times 4$ ______	54. $y \times 4 = 12$ ______	55. $20 = y \times 5$ ______	56. $14 = y \times 2$ ______
57. $y \times 5 = 35$ ______	58. $2 = 1 \times y$ ______	59. $4 = y \times 2$ ______	60. $24 = 8 \times y$ ______
61. $12 = 6 \times y$ ______	62. $42 = 7 \times y$ ______	63. $7 \times y = 28$ ______	64. $9 \times y = 27$ ______
65. $20 = 4 \times y$ ______	66. $63 = 9 \times y$ ______	67. $y \times 4 = 24$ ______	68. $32 = y \times 8$ ______
69. $30 = y \times 5$ ______	70. $3 \times y = 27$ ______	71. $5 \times y = 5$ ______	72. $48 = y \times 8$ ______

Name:.................................. Date:..................................

Complete all the activities (Equation-Division).

Solve for the variable.

1. $y \div 7 = 2$ ______	2. $y \div 9 = 2$ ______	3. $4 = y \div 7$ ______	4. $y \div 9 = 6$ ______
5. $72 \div y = 9$ ______	6. $y \div 4 = 8$ ______	7. $7 = 49 \div y$ ______	8. $y \div 1 = 5$ ______
9. $y \div 3 = 2$ ______	10. $y \div 4 = 2$ ______	11. $y \div 8 = 9$ ______	12. $8 = y \div 2$ ______
13. $1 = 9 \div y$ ______	14. $y \div 4 = 4$ ______	15. $8 \div y = 2$ ______	16. $3 = 15 \div y$ ______
17. $y \div 6 = 2$ ______	18. $12 \div y = 2$ ______	19. $8 = 16 \div y$ ______	20. $28 \div y = 4$ ______
21. $2 \div y = 1$ ______	22. $20 \div y = 5$ ______	23. $7 = 63 \div y$ ______	24. $y \div 7 = 5$ ______
25. $1 = 8 \div y$ ______	26. $6 = y \div 6$ ______	27. $9 = y \div 5$ ______	28. $24 \div y = 8$ ______
29. $48 \div y = 8$ ______	30. $56 \div y = 8$ ______	31. $y \div 7 = 6$ ______	32. $y \div 4 = 9$ ______
33. $10 \div y = 5$ ______	34. $y \div 3 = 8$ ______	35. $6 = 48 \div y$ ______	36. $4 = 12 \div y$ ______
37. $15 \div y = 5$ ______	38. $4 = y \div 1$ ______	39. $5 = y \div 6$ ______	40. $4 = y \div 6$ ______
41. $y \div 8 = 1$ ______	42. $1 = 7 \div y$ ______	43. $y \div 9 = 4$ ______	44. $y \div 1 = 3$ ______
45. $27 \div y = 3$ ______	46. $y \div 3 = 7$ ______	47. $6 \div y = 6$ ______	48. $7 \div y = 7$ ______
49. $5 = 40 \div y$ ______	50. $24 \div y = 4$ ______	51. $21 \div y = 7$ ______	52. $4 = y \div 8$ ______
53. $20 \div y = 4$ ______	54. $5 = y \div 8$ ______	55. $2 \div y = 2$ ______	56. $6 = y \div 5$ ______
57. $8 = y \div 8$ ______	58. $3 \div y = 3$ ______	59. $2 = 6 \div y$ ______	60. $y \div 2 = 2$ ______
61. $5 = 5 \div y$ ______	62. $3 = 9 \div y$ ______	63. $9 \div y = 9$ ______	64. $3 = 18 \div y$ ______
65. $1 = 1 \div y$ ______	66. $4 = 4 \div y$ ______	67. $25 \div y = 5$ ______	68. $7 = y \div 9$ ______
69. $14 \div y = 2$ ______	70. $9 = y \div 9$ ______	71. $18 \div y = 6$ ______	72. $7 = y \div 5$ ______

Name:................................... Date:...................................

Complete all the activities (Equation-Multiplication and Addition).

Solve for the variable.

1. $6 + 2y = 22$ _____	2. $5y + 2 = 12$ _____	3. $9 + 8y = 33$ _____	4. $2y + 6 = 20$ _____
5. $6 + 4y = 22$ _____	6. $63 = 7y + 7$ _____	7. $23 = 3y + 5$ _____	8. $9y + 3 = 57$ _____
9. $12 = 3y + 6$ _____	10. $9y + 3 = 48$ _____	11. $16 = 4 + 2y$ _____	12. $5y + 3 = 23$ _____
13. $21 = 3 + 2y$ _____	14. $7y + 1 = 57$ _____	15. $6y + 4 = 10$ _____	16. $26 = 3y + 2$ _____
17. $4y + 8 = 28$ _____	18. $2y + 2 = 16$ _____	19. $6 + 9y = 87$ _____	20. $2 + 3y = 29$ _____
21. $5 + 8y = 21$ _____	22. $50 = 2 + 8y$ _____	23. $43 = 4y + 7$ _____	24. $7y + 8 = 50$ _____
25. $21 = 2y + 7$ _____	26. $9 = 4y + 1$ _____	27. $6 + 6y = 12$ _____	28. $6 = 1y + 3$ _____
29. $12 = 2y + 8$ _____	30. $1 + 4y = 29$ _____	31. $6y + 7 = 13$ _____	32. $10 = 4 + 2y$ _____
33. $5y + 1 = 16$ _____	34. $5 + 2y = 19$ _____	35. $2 + 4y = 14$ _____	36. $9 + 4y = 33$ _____
37. $46 = 4 + 6y$ _____	38. $19 = 3y + 4$ _____	39. $1 + 3y = 4$ _____	40. $3y + 5 = 32$ _____
41. $16 = 8y + 8$ _____	42. $41 = 5 + 9y$ _____	43. $7y + 5 = 26$ _____	44. $6 + 8y = 30$ _____
45. $45 = 4y + 9$ _____	46. $57 = 6y + 9$ _____	47. $2y + 1 = 13$ _____	48. $1 + 1y = 10$ _____
49. $5 + 1y = 6$ _____	50. $11 = 7 + 1y$ _____	51. $19 = 9 + 2y$ _____	52. $5y + 9 = 29$ _____
53. $3y + 4 = 28$ _____	54. $23 = 2y + 9$ _____	55. $6y + 7 = 43$ _____	56. $9 + 9y = 18$ _____
57. $20 = 3y + 8$ _____	58. $30 = 2 + 7y$ _____	59. $7y + 7 = 42$ _____	60. $6 + 4y = 30$ _____
61. $9 + 5y = 19$ _____	62. $22 = 5y + 7$ _____	63. $2y + 1 = 9$ _____	64. $16 = 4 + 3y$ _____
65. $24 = 3 + 3y$ _____	66. $4 + 7y = 18$ _____	67. $7 + 9y = 25$ _____	68. $5 + 5y = 30$ _____
69. $2 + 1y = 3$ _____	70. $3 + 5y = 13$ _____	71. $4 = 3 + 1y$ _____	72. $49 = 5y + 4$ _____

Name:.................................. Date:..................................

Complete all the activities (Equation-Multiplication and Soustraction).

Solve for the variable.

1. $9 = 25 - 8y$ ______	2. $5y - 4 = 11$ ______	3. $7y - 6 = 29$ ______	4. $39 = 5y - 6$ ______
5. $4 = 5y - 6$ ______	6. $7y - 2 = 61$ ______	7. $11 = 4y - 9$ ______	8. $9 = 23 - 2y$ ______
9. $49 - 8y = 1$ ______	10. $6 = 9 - 3y$ ______	11. $23 = 4y - 1$ ______	12. $1 = 15 - 2y$ ______
13. $0 = 25 - 5y$ ______	14. $22 - 9y = 4$ ______	15. $49 - 6y = 7$ ______	16. $11 - 3y = 5$ ______
17. $61 - 8y = 5$ ______	18. $6y - 4 = 2$ ______	19. $3 = 7 - 2y$ ______	20. $78 = 9y - 3$ ______
21. $34 - 7y = 6$ ______	22. $18 - 2y = 4$ ______	23. $32 - 4y = 0$ ______	24. $7y - 2 = 47$ ______
25. $1y - 1 = 3$ ______	26. $6 = 34 - 4y$ ______	27. $29 - 3y = 5$ ______	28. $26 - 3y = 5$ ______
29. $2y - 1 = 17$ ______	30. $35 - 8y = 3$ ______	31. $0 = 4y - 8$ ______	32. $5y - 4 = 21$ ______
33. $9y - 3 = 15$ ______	34. $4y - 7 = 5$ ______	35. $9 = 73 - 8y$ ______	36. $28 - 4y = 8$ ______
37. $0 = 3y - 9$ ______	38. $2y - 7 = 7$ ______	39. $2y - 1 = 1$ ______	40. $4y - 5 = 7$ ______
41. $6 = 8 - 2y$ ______	42. $1y - 2 = 4$ ______	43. $10 = 8y - 6$ ______	44. $4 = 12 - 2y$ ______
45. $3y - 7 = 2$ ______	46. $8y - 7 = 57$ ______	47. $6y - 5 = 43$ ______	48. $27 - 6y = 3$ ______
49. $2 = 26 - 6y$ ______	50. $49 = 9y - 5$ ______	51. $8y - 9 = 23$ ______	52. $3 = 27 - 4y$ ______
53. $4y - 6 = 18$ ______	54. $3 = 13 - 2y$ ______	55. $8 = 32 - 8y$ ______	56. $18 = 5y - 7$ ______
57. $29 - 7y = 8$ ______	58. $22 - 4y = 2$ ______	59. $67 - 7y = 4$ ______	60. $7 = 5y - 8$ ______
61. $5 = 13 - 8y$ ______	62. $8y - 4 = 68$ ______	63. $2y - 8 = 4$ ______	64. $31 - 6y = 1$ ______
65. $5 = 61 - 7y$ ______	66. $7 = 79 - 8y$ ______	67. $2y - 2 = 0$ ______	68. $12 = 5y - 8$ ______
69. $1 = 3y - 5$ ______	70. $1y - 5 = 4$ ______	71. $1y - 8 = 0$ ______	72. $7y - 4 = 10$ ______

Name:.................................. Date:..................................

Complete all the activities (Equation-Mixed).

Solve for the variable.

1. 2 = 10 ÷ y ______	2. 5 = y - 1 ______	3. 3 = 5 - 1y ______	4. 49 = 8y - 7 ______
5. 36 ÷ y = 4 ______	6. 72 ÷ y = 8 ______	7. 45 ÷ y = 9 ______	8. 36 = 6 × y ______
9. 28 = y × 7 ______	10. 30 = y × 5 ______	11. 19 = 1 + 6y ______	12. 10 = y + 9 ______
13. y + 2 = 8 ______	14. 63 = 9 × y ______	15. 22 = 6y - 2 ______	16. 42 = 5y - 3 ______
17. 2 = 6 - y ______	18. 15 - 1y = 8 ______	19. 56 ÷ y = 8 ______	20. 60 = 7y + 4 ______
21. 29 - 4y = 5 ______	22. 9y - 2 = 16 ______	23. 6 - y = 5 ______	24. y ÷ 5 = 3 ______
25. 71 = 9y - 1 ______	26. 8y - 8 = 24 ______	27. 7 + y = 15 ______	28. 5 = y + 3 ______
29. 9 = 18 ÷ y ______	30. 12 ÷ y = 3 ______	31. 6y - 7 = 5 ______	32. 1 × y = 4 ______
33. 6 = y ÷ 8 ______	34. 57 = 9y + 3 ______	35. 5 × y = 45 ______	36. 2 ÷ y = 2 ______
37. 15 ÷ y = 3 ______	38. 0 = y - 1 ______	39. 6 = 8 - y ______	40. 9 = y + 7 ______
41. 6 × y = 30 ______	42. 32 - 9y = 5 ______	43. 3 = y - 3 ______	44. 13 = y + 7 ______
45. 15 - 1y = 7 ______	46. y + 9 = 18 ______	47. 6 = 38 - 4y ______	48. 4 × y = 12 ______
49. 16 ÷ y = 8 ______	50. 14 ÷ y = 2 ______	51. 5 = y × 5 ______	52. 4y - 8 = 0 ______
53. 2 = 29 - 9y ______	54. 6y - 6 = 42 ______	55. 3y + 5 = 20 ______	56. y × 4 = 4 ______
57. 8y + 7 = 79 ______	58. y × 4 = 24 ______	59. y - 2 = 4 ______	60. 7 × y = 21 ______
61. 8y + 6 = 62 ______	62. 2y + 4 = 14 ______	63. 9y + 3 = 12 ______	64. 11 = y + 4 ______
65. 21 = 3 × y ______	66. 9 = y + 5 ______	67. 5y - 3 = 37 ______	68. 3 - y = 0 ______
69. 78 = 8y + 6 ______	70. 9 = 1 + 4y ______	71. 5 - y = 4 ______	72. 22 = 9y + 4 ______

Name:................................ Date:................................

Complete all the activities.

Evaluate each expression when y = 1.

1. 9 - y = ... 2. 7 + y = ... 3. y + 3 = ... 4. y + 4 = ... 5. y + 7 = ... 6. 9 + y = ...

7. y - 5 = ... 8. y - 6 = ... 9. y + 1 = ... 10. 2 - y = ... 11. 4 - y = ... 12. 3 + y = ...

Evaluate each expression when x = 5.

13. 3 + x = ... 14. x - 7 = ... 15. x + 7 = ... 16. 7 + x = ... 17. x + 1 = ... 18. x - 1 = ...

19. x + 8 = ... 20. x - 9 = ... 21. x - 5 = ... 22. x - 8 = ... 23. x + 5 = ... 24. 6 - x = ...

Evaluate each expression when z = 5.

25. 3 + z = ... 26. z - 7 = ... 27. z + 7 = ... 28. 7 + z = ... 29. z + 1 = ... 30. z - 1 = ...

31. z + 8 = ... 32. z - 9 = ... 33. z - 5 = ... 34. z - 8 = ... 35. z + 5 = ... 36. 6 - z = ...

Evaluate each expression when k = 5.

37. 3 + k = ... 38. k - 7 = ... 39. k + 7 = ... 40. 7 + k = ... 41. k + 1 = ... 42. k - 1 = ...

43. k + 8 = ... 44. k - 9 = ... 45. k - 5 = ... 46. k - 8 = ... 47. k + 5 = ... 48. 6 - k = ...

Evaluate each expression when a = 9.

49. 7 + a = ... 50. 7 - a = ... 51. 9 - a = ... 52. a - 8 = ... 53. 8 + a = ...

54. a - 3 = ... 55. a - 7 = ... 56. 6 + a = ... 57. a + 5 = ... 58. 3 - a = ...

59. 5 - a = ... 60. a + 3 = ... 61. 3 + a = ... 62. a - 6 = ... 63. a - 5 = ...

Evaluate each expression when n = 9.

64. 7 + n = ... 65. 7 - n = ... 66. 9 - n = ... 67. n - 8 = ... 68. 8 + n = ...

69. n - 3 = ... 70. n - 7 = ... 71. 6 + n = ... 72. n + 5 = ... 73. 3 - n = ...

74. 5 - n = ... 75. n + 3 = ... 76. 3 + n = ... 77. n - 6 = ... 78. n - 5 = ...

Name:................................ Date:................................

Complete all the activities (Equation-Addition).

Solve for the variable.

1. y + 4 = 10 ______	2. y + 8 = 10 ______	3. 14 = y + 5 ______	4. 8 = 4 + y ______
5. 17 = y + 9 ______	6. 5 + y = 8 ______	7. 12 = 9 + y ______	8. 11 = 9 + y ______
9. 8 = 6 + y ______	10. 9 + y = 14 ______	11. y + 6 = 9 ______	12. y + 2 = 9 ______
13. 2 + y = 5 ______	14. 12 = y + 7 ______	15. 8 = 1 + y ______	16. y + 6 = 13 ______
17. 8 = y + 7 ______	18. 3 + y = 4 ______	19. 7 = 1 + y ______	20. 11 = 2 + y ______
21. 14 = y + 8 ______	22. 4 + y = 7 ______	23. 2 + y = 8 ______	24. 3 = 2 + y ______
25. 15 = y + 9 ______	26. 7 + y = 13 ______	27. 13 = 5 + y ______	28. 1 + y = 3 ______
29. 12 = 5 + y ______	30. 6 + y = 12 ______	31. 9 = y + 8 ______	32. 7 = y + 6 ______
33. 9 = 5 + y ______	34. y + 4 = 13 ______	35. y + 8 = 12 ______	36. 12 = 4 + y ______
37. y + 1 = 10 ______	38. y + 7 = 15 ______	39. 6 = 5 + y ______	40. 14 = 7 + y ______
41. 5 = 3 + y ______	42. y + 4 = 6 ______	43. 8 + y = 11 ______	44. 14 = 6 + y ______
45. 10 = y + 5 ______	46. 15 = y + 6 ______	47. 2 = y + 1 ______	48. 5 + y = 11 ______
49. 9 + y = 13 ______	50. 6 = 3 + y ______	51. 7 + y = 16 ______	52. 9 = y + 4 ______
53. y + 7 = 9 ______	54. 11 = y + 4 ______	55. 6 = 1 + y ______	56. 5 + y = 7 ______
57. y + 8 = 16 ______	58. y + 3 = 12 ______	59. 1 + y = 9 ______	60. 8 = 3 + y ______
61. 9 + y = 16 ______	62. 11 = 6 + y ______	63. y + 7 = 10 ______	64. y + 3 = 11 ______
65. 15 = 8 + y ______	66. y + 8 = 17 ______	67. 4 = 1 + y ______	68. 10 = y + 6 ______
69. 5 = 1 + y ______	70. 2 + y = 10 ______	71. 4 + y = 5 ______	72. y + 3 = 7 ______

Name:.................................... Date:....................................

Complete all the activities (Equation-Soustraction).

Solve for the variable.

1. $2 = y - 6$ ________	2. $y - 3 = 4$ ________	3. $8 - y = 6$ ________	4. $2 = 8 - y$ ________
5. $y - 2 = 7$ ________	6. $y - 2 = 1$ ________	7. $0 = 7 - y$ ________	8. $7 - y = 3$ ________
9. $1 = y - 7$ ________	10. $7 - y = 1$ ________	11. $6 - y = 5$ ________	12. $4 - y = 3$ ________
13. $4 = 9 - y$ ________	14. $y - 2 = 4$ ________	15. $y - 1 = 1$ ________	16. $1 = 3 - y$ ________
17. $y - 3 = 3$ ________	18. $1 = y - 6$ ________	19. $1 = y - 4$ ________	20. $y - 3 = 0$ ________
21. $3 - y = 2$ ________	22. $6 = 9 - y$ ________	23. $1 = y - 3$ ________	24. $0 = y - 6$ ________
25. $0 = y - 1$ ________	26. $9 - y = 1$ ________	27. $2 = 5 - y$ ________	28. $8 - y = 0$ ________
29. $1 = 2 - y$ ________	30. $5 = y - 3$ ________	31. $8 = y - 1$ ________	32. $6 = y - 1$ ________
33. $1 = y - 4$ ________	34. $2 = 7 - y$ ________	35. $y - 5 = 1$ ________	36. $4 = y - 2$ ________
37. $8 - y = 6$ ________	38. $y - 3 = 2$ ________	39. $7 - y = 5$ ________	40. $1 = 9 - y$ ________
41. $9 - y = 5$ ________	42. $6 = 7 - y$ ________	43. $8 - y = 4$ ________	44. $4 = y - 1$ ________
45. $9 - y = 5$ ________	46. $0 = y - 5$ ________	47. $y - 5 = 3$ ________	48. $3 = y - 2$ ________
49. $y - 4 = 2$ ________	50. $y - 4 = 2$ ________	51. $4 - y = 2$ ________	52. $1 = y - 7$ ________
53. $0 = y - 9$ ________	54. $5 = y - 1$ ________	55. $3 = y - 2$ ________	56. $4 = y - 4$ ________
57. $7 - y = 3$ ________	58. $y - 4 = 0$ ________	59. $7 - y = 4$ ________	60. $y - 6 = 3$ ________
61. $2 = y - 5$ ________	62. $y - 2 = 5$ ________	63. $2 = y - 2$ ________	64. $y - 1 = 3$ ________
65. $y - 3 = 1$ ________	66. $6 = 9 - y$ ________	67. $2 = y - 7$ ________	68. $8 - y = 7$ ________
69. $y - 7 = 2$ ________	70. $8 = 9 - y$ ________	71. $9 - y = 7$ ________	72. $7 = 8 - y$ ________

Name:.................................... Date:....................................

Complete all the activities (Equation-Multiplication).

Solve for the variable.

1. $4 = 1 \times y$ ______	2. $40 = 5 \times y$ ______	3. $6 = y \times 1$ ______	4. $y \times 4 = 36$ ______
5. $y \times 6 = 42$ ______	6. $18 = 3 \times y$ ______	7. $y \times 3 = 12$ ______	8. $25 = y \times 5$ ______
9. $4 \times y = 32$ ______	10. $4 = y \times 4$ ______	11. $y \times 8 = 40$ ______	12. $64 = y \times 8$ ______
13. $63 = 7 \times y$ ______	14. $72 = 8 \times y$ ______	15. $56 = y \times 8$ ______	16. $16 = y \times 8$ ______
17. $7 \times y = 7$ ______	18. $6 = y \times 6$ ______	19. $y \times 9 = 18$ ______	20. $y \times 5 = 35$ ______
21. $20 = 5 \times y$ ______	22. $y \times 8 = 8$ ______	23. $48 = 8 \times y$ ______	24. $7 \times y = 56$ ______
25. $48 = y \times 6$ ______	26. $y \times 9 = 9$ ______	27. $14 = y \times 2$ ______	28. $45 = 9 \times y$ ______
29. $7 \times y = 49$ ______	30. $27 = 9 \times y$ ______	31. $y \times 1 = 5$ ______	32. $21 = y \times 3$ ______
33. $y \times 2 = 10$ ______	34. $2 \times y = 12$ ______	35. $15 = 3 \times y$ ______	36. $81 = y \times 9$ ______
37. $6 = y \times 3$ ______	38. $72 = 9 \times y$ ______	39. $24 = 4 \times y$ ______	40. $2 = y \times 2$ ______
41. $6 = 2 \times y$ ______	42. $8 = 4 \times y$ ______	43. $y \times 6 = 30$ ______	44. $35 = y \times 7$ ______
45. $24 = 3 \times y$ ______	46. $28 = y \times 4$ ______	47. $y \times 6 = 12$ ______	48. $5 = y \times 5$ ______
49. $1 \times y = 7$ ______	50. $21 = 7 \times y$ ______	51. $2 \times y = 18$ ______	52. $9 = 3 \times y$ ______
53. $7 \times y = 42$ ______	54. $15 = y \times 5$ ______	55. $28 = 7 \times y$ ______	56. $3 \times y = 27$ ______
57. $y \times 4 = 20$ ______	58. $18 = y \times 6$ ______	59. $63 = 9 \times y$ ______	60. $8 = 1 \times y$ ______
61. $y \times 5 = 30$ ______	62. $3 = y \times 3$ ______	63. $6 \times y = 36$ ______	64. $4 = 2 \times y$ ______
65. $12 = 4 \times y$ ______	66. $9 \times y = 36$ ______	67. $32 = y \times 8$ ______	68. $7 \times y = 14$ ______
69. $24 = 6 \times y$ ______	70. $24 = y \times 8$ ______	71. $54 = y \times 9$ ______	72. $45 = 5 \times y$ ______

Name:.................................. Date:..................................

Complete all the activities (Equation-Division).

Solve for the variable.

1. $6 = 18 \div y$ ______	2. $y \div 2 = 7$ ______	3. $2 = y \div 2$ ______	4. $6 = 12 \div y$ ______
5. $24 \div y = 3$ ______	6. $10 \div y = 2$ ______	7. $6 \div y = 3$ ______	8. $48 \div y = 6$ ______
9. $y \div 8 = 1$ ______	10. $y \div 7 = 9$ ______	11. $6 = y \div 9$ ______	12. $32 \div y = 8$ ______
13. $6 = 54 \div y$ ______	14. $3 = y \div 9$ ______	15. $8 = 16 \div y$ ______	16. $4 = y \div 2$ ______
17. $y \div 2 = 3$ ______	18. $7 = y \div 8$ ______	19. $9 = y \div 4$ ______	20. $8 = 24 \div y$ ______
21. $32 \div y = 4$ ______	22. $5 = 35 \div y$ ______	23. $1 = 2 \div y$ ______	24. $3 = y \div 5$ ______
25. $6 = y \div 4$ ______	26. $7 = y \div 3$ ______	27. $y \div 5 = 5$ ______	28. $y \div 3 = 3$ ______
29. $9 = y \div 2$ ______	30. $1 = y \div 3$ ______	31. $y \div 5 = 2$ ______	32. $y \div 7 = 1$ ______
33. $y \div 5 = 6$ ______	34. $16 \div y = 4$ ______	35. $y \div 2 = 8$ ______	36. $7 = 42 \div y$ ______
37. $6 = 24 \div y$ ______	38. $2 = y \div 7$ ______	39. $30 \div y = 6$ ______	40. $9 = 18 \div y$ ______
41. $y \div 5 = 9$ ______	42. $9 = 81 \div y$ ______	43. $5 \div y = 5$ ______	44. $6 = y \div 2$ ______
45. $4 = y \div 7$ ______	46. $6 = y \div 8$ ______	47. $64 \div y = 8$ ______	48. $9 = 36 \div y$ ______
49. $1 = y \div 2$ ______	50. $6 = y \div 1$ ______	51. $y \div 3 = 4$ ______	52. $6 = y \div 6$ ______
53. $8 = 40 \div y$ ______	54. $y \div 4 = 7$ ______	55. $6 = y \div 3$ ______	56. $3 = 27 \div y$ ______
57. $8 \div y = 4$ ______	58. $1 = 5 \div y$ ______	59. $15 \div y = 3$ ______	60. $3 = y \div 4$ ______
61. $4 = y \div 1$ ______	62. $20 \div y = 4$ ______	63. $7 = y \div 1$ ______	64. $20 \div y = 5$ ______
65. $8 = y \div 5$ ______	66. $7 = 49 \div y$ ______	67. $42 \div y = 6$ ______	68. $y \div 6 = 1$ ______
69. $1 = 3 \div y$ ______	70. $y \div 7 = 8$ ______	71. $21 \div y = 7$ ______	72. $y \div 1 = 1$ ______

Name:.................................... Date:....................................

Complete all the activities (Equation-Multiplication and Addition).

Solve for the variable.

1. 52 = 7 + 9y _____	2. 33 = 3y + 9 _____	3. 12 = 2 + 5y _____	4. 3y + 4 = 7 _____
5. 75 = 9y + 3 _____	6. 4 + 9y = 85 _____	7. 25 = 1 + 6y _____	8. 30 = 3 + 3y _____
9. 8 = 4 + 2y _____	10. 19 = 1 + 2y _____	11. 8 + 1y = 13 _____	12. 19 = 2y + 9 _____
13. 90 = 9 + 9y _____	14. 26 = 5 + 3y _____	15. 2 + 1y = 8 _____	16. 25 = 5 + 5y _____
17. 8y + 7 = 63 _____	18. 17 = 5 + 6y _____	19. 8 = 2 + 2y _____	20. 4 + 2y = 12 _____
21. 8y + 3 = 59 _____	22. 7 + 1y = 16 _____	23. 3 + 8y = 19 _____	24. 4y + 4 = 28 _____
25. 31 = 7 + 6y _____	26. 9y + 4 = 31 _____	27. 24 = 3 + 7y _____	28. 20 = 4 + 2y _____
29. 2 + 9y = 47 _____	30. 6 + 9y = 42 _____	31. 2 = 1 + 1y _____	32. 5y + 5 = 30 _____
33. 2 + 4y = 30 _____	34. 7 + 6y = 25 _____	35. 7 + 7y = 14 _____	36. 79 = 7 + 9y _____
37. 46 = 6 + 8y _____	38. 4y + 7 = 31 _____	39. 42 = 6 + 4y _____	40. 3y + 5 = 23 _____
41. 35 = 8 + 3y _____	42. 54 = 6 + 6y _____	43. 31 = 6y + 1 _____	44. 6 + 2y = 8 _____
45. 8 + 6y = 32 _____	46. 5 + 2y = 21 _____	47. 1y + 2 = 3 _____	48. 10 = 2 + 2y _____
49. 7y + 8 = 22 _____	50. 3 + 2y = 13 _____	51. 7 = 3y + 1 _____	52. 7y + 7 = 21 _____
53. 21 = 3 + 3y _____	54. 33 = 1 + 4y _____	55. 42 = 2 + 5y _____	56. 6 + 9y = 33 _____
57. 4 + 9y = 67 _____	58. 50 = 8 + 6y _____	59. 57 = 8y + 9 _____	60. 50 = 5 + 5y _____
61. 1 + 6y = 37 _____	62. 56 = 6y + 2 _____	63. 6y + 9 = 51 _____	64. 17 = 4y + 9 _____
65. 11 = 8 + 3y _____	66. 32 = 9y + 5 _____	67. 49 = 4 + 9y _____	68. 9y + 8 = 62 _____
69. 4y + 5 = 9 _____	70. 4y + 6 = 14 _____	71. 11 = 2y + 3 _____	72. 33 = 8y + 9 _____

Name:.................................. Date:..................................

Complete all the activities (Equation-Multiplication and Soustraction).

Solve for the variable.

1. 9 = 25 - 8y ______	2. 5y - 4 = 11 ______	3. 7y - 6 = 29 ______	4. 39 = 5y - 6 ______
5. 4 = 5y - 6 ______	6. 7y - 2 = 61 ______	7. 11 = 4y - 9 ______	8. 9 = 23 - 2y ______
9. 49 - 8y = 1 ______	10. 6 = 9 - 3y ______	11. 23 = 4y - 1 ______	12. 1 = 15 - 2y ______
13. 0 = 25 - 5y ______	14. 22 - 9y = 4 ______	15. 49 - 6y = 7 ______	16. 11 - 3y = 5 ______
17. 61 - 8y = 5 ______	18. 6y - 4 = 2 ______	19. 3 = 7 - 2y ______	20. 78 = 9y - 3 ______
21. 34 - 7y = 6 ______	22. 18 - 2y = 4 ______	23. 32 - 4y = 0 ______	24. 7y - 2 = 47 ______
25. 1y - 1 = 3 ______	26. 6 = 34 - 4y ______	27. 29 - 3y = 5 ______	28. 26 - 3y = 5 ______
29. 2y - 1 = 17 ______	30. 35 - 8y = 3 ______	31. 0 = 4y - 8 ______	32. 5y - 4 = 21 ______
33. 9y - 3 = 15 ______	34. 4y - 7 = 5 ______	35. 9 = 73 - 8y ______	36. 28 - 4y = 8 ______
37. 0 = 3y - 9 ______	38. 2y - 7 = 7 ______	39. 2y - 1 = 1 ______	40. 4y - 5 = 7 ______
41. 6 = 8 - 2y ______	42. 1y - 2 = 4 ______	43. 10 = 8y - 6 ______	44. 4 = 12 - 2y ______
45. 3y - 7 = 2 ______	46. 8y - 7 = 57 ______	47. 6y - 5 = 43 ______	48. 27 - 6y = 3 ______
49. 2 = 26 - 6y ______	50. 49 = 9y - 5 ______	51. 8y - 9 = 23 ______	52. 3 = 27 - 4y ______
53. 4y - 6 = 18 ______	54. 3 = 13 - 2y ______	55. 8 = 32 - 8y ______	56. 18 = 5y - 7 ______
57. 29 - 7y = 8 ______	58. 22 - 4y = 2 ______	59. 67 - 7y = 4 ______	60. 7 = 5y - 8 ______
61. 5 = 13 - 8y ______	62. 8y - 4 = 68 ______	63. 2y - 8 = 4 ______	64. 31 - 6y = 1 ______
65. 5 = 61 - 7y ______	66. 7 = 79 - 8y ______	67. 2y - 2 = 0 ______	68. 12 = 5y - 8 ______
69. 1 = 3y - 5 ______	70. 1y - 5 = 4 ______	71. 1y - 8 = 0 ______	72. 7y - 4 = 10 ______

Name:................................... Date:...................................

Complete all the activities (Equation-Mixed).

Solve for the variable.

1. $0 = y - 6$ _______	2. $6 = 4 + y$ _______	3. $35 = 4y + 3$ _____	4. $36 = 4 \times y$ ______
5. $1 + 1y = 9$ ______	6. $6 = 6 \times y$ _______	7. $7 = 56 \div y$ ______	8. $1 = 5 \div y$ _______
9. $3 = y \div 3$ _______	10. $44 - 6y = 8$ _____	11. $6 = y + 5$ _______	12. $3 - y = 1$ _______
13. $64 \div y = 8$ ______	14. $7 = y \div 7$ _______	15. $4 = 31 - 3y$ _____	16. $13 = 7y - 1$ ______
17. $1 + y = 7$ _______	18. $y - 5 = 1$ _______	19. $7 = y - 2$ _______	20. $7 = 1y + 4$ ______
21. $5 = y - 2$ _______	22. $8 - y = 6$ _______	23. $23 = 4y + 3$ _____	24. $5 = y - 4$ _______
25. $13 = 8 + y$ ______	26. $62 = 8y + 6$ _____	27. $22 = 4y + 6$ _____	28. $3 + y = 10$ ______
29. $y - 2 = 6$ _______	30. $7 + y = 11$ ______	31. $7 = 8 - y$ _______	32. $3 = 2y - 9$ ______
33. $7y - 4 = 31$ ______	34. $4 = y - 4$ _______	35. $48 \div y = 8$ ______	36. $2y + 4 = 12$ _____
37. $0 = 9 - y$ _______	38. $1 = 3 \div y$ _______	39. $7 = 9 - y$ _______	40. $7 = 5 + y$ _______
41. $5 = 25 \div y$ ______	42. $7 - y = 6$ _______	43. $57 = 7y - 6$ _____	44. $y + 3 = 12$ ______
45. $8 = 24 \div y$ ______	46. $7 = 7y - 7$ _______	47. $22 = 2 + 5y$ _____	48. $6 \times y = 48$ ______
49. $4 = y \div 5$ _______	50. $6 = y \div 3$ _______	51. $22 = 3y - 5$ _____	52. $17 = 2 + 3y$ _____
53. $15 = y \times 5$ ______	54. $7 = y \div 1$ _______	55. $40 = 5 \times y$ ______	56. $y - 2 = 4$ _______
57. $1 = 7 - y$ _______	58. $12 - 3y = 9$ _____	59. $6y - 9 = 9$ ______	60. $8 = 9 - y$ _______
61. $8y - 7 = 65$ ______	62. $4 = 4 \div y$ _______	63. $8 = 56 \div y$ ______	64. $16 = 6 + 2y$ _____
65. $17 = y + 9$ ______	66. $33 = 8y + 1$ _____	67. $4 = 3 + y$ _______	68. $6 \div y = 3$ _______
69. $3 = y - 4$ _______	70. $4 = 7 - y$ _______	71. $54 = 7y + 5$ _____	72. $7y + 8 = 71$ _____

Name:.................................. Date:..................................

Complete all the activities.

Evaluate each expression when y = 2.

1. 1 + y = ...
2. 8 + y = ...
3. 9 + y = ...
4. y + 2 = ...
5. 2 - y = ...
6. y + 9 = ...
7. 9 - y = ...
8. 7 - y = ...
9. y + 3 = ...
10. y + 1 = ...
11. 6 + y = ...
12. 1 - y = ...

Evaluate each expression when x = 7.

13. x - 9 = ...
14. x - 8 = ...
15. 8 + x = ...
16. x + 3 = ...
17. 7 - x = ...
18. 6 - x = ...
19. x + 5 = ...
20. 3 + x = ...
21. x - 5 = ...
22. x - 3 = ...
23. 3 - x = ...
24. 9 + x = ...

Evaluate each expression when z = 7.

25. z - 9 = ...
26. z - 8 = ...
27. 8 + z = ...
28. z + 3 = ...
29. 7 - z = ...
30. 6 - z = ...
31. z + 5 = ...
32. 3 + z = ...
33. z - 5 = ...
34. z - 3 = ...
35. 3 - z = ...
36. 9 + z = ...

Evaluate each expression when k = 7.

37. k - 9 = ...
38. k - 8 = ...
39. 8 + k = ...
40. k + 3 = ...
41. 7 - k = ...
42. 6 - k = ...
43. k + 5 = ...
44. 3 + k = ...
45. k - 5 = ...
46. k - 3 = ...
47. 3 - k = ...
48. 9 + k = ...

Evaluate each expression when a = 1.

49. 3 - a = ...
50. 2 - a = ...
51. a + 2 = ...
52. 9 - a = ...
53. a + 3 = ...
54. a + 7 = ...
55. a + 1 = ...
56. a - 8 = ...
57. 5 + a = ...
58. a - 6 = ...
59. a - 4 = ...
60. 1 - a = ...
61. a - 2 = ...
62. a - 7 = ...
63. 5 - a = ...

Evaluate each expression when n = 1.

64. 3 - n = ...
65. 2 - n = ...
66. n + 2 = ...
67. 9 - n = ...
68. n + 3 = ...
69. n + 7 = ...
70. n + 1 = ...
71. n - 8 = ...
72. 5 + n = ...
73. n - 6 = ...
74. n - 4 = ...
75. 1 - n = ...
76. n - 2 = ...
77. n - 7 = ...
78. 5 - n = ...

Name:.................................... Date:....................................

Complete all the activities (Equation-Addition).

Solve for the variable.

1. 3 + y = 9 ______	2. y + 3 = 11 ______	3. 13 = 5 + y ______	4. 14 = 5 + y ______
5. y + 8 = 12 ______	6. y + 5 = 11 ______	7. 1 + y = 8 ______	8. 8 = 7 + y ______
9. y + 5 = 7 ______	10. 15 = y + 6 ______	11. 17 = y + 8 ______	12. 7 + y = 16 ______
13. y + 8 = 10 ______	14. 10 = 6 + y ______	15. 15 = y + 8 ______	16. 6 = y + 3 ______
17. 10 = 1 + y ______	18. 7 + y = 11 ______	19. y + 4 = 12 ______	20. 4 = 2 + y ______
21. 11 = y + 8 ______	22. 10 = 7 + y ______	23. 4 + y = 6 ______	24. 12 = 6 + y ______
25. 3 = y + 1 ______	26. 18 = y + 9 ______	27. 15 = 9 + y ______	28. y + 4 = 11 ______
29. y + 8 = 14 ______	30. 9 + y = 16 ______	31. 9 = 7 + y ______	32. 5 = 4 + y ______
33. 3 + y = 10 ______	34. y + 8 = 16 ______	35. 1 + y = 4 ______	36. y + 3 = 5 ______
37. 13 = y + 8 ______	38. 7 = 3 + y ______	39. y + 6 = 8 ______	40. 13 = y + 6 ______
41. 6 = 2 + y ______	42. 12 = 9 + y ______	43. 12 = 7 + y ______	44. 9 = y + 1 ______
45. 9 = 4 + y ______	46. 11 = y + 2 ______	47. y + 2 = 8 ______	48. y + 9 = 11 ______
49. y + 1 = 5 ______	50. 10 = y + 2 ______	51. 1 + y = 6 ______	52. 9 = y + 8 ______
53. 3 + y = 12 ______	54. 13 = 4 + y ______	55. 2 = 1 + y ______	56. 5 + y = 12 ______
57. y + 9 = 17 ______	58. 4 = 3 + y ______	59. 9 + y = 10 ______	60. 5 + y = 10 ______
61. 13 = 7 + y ______	62. 7 = y + 1 ______	63. y + 6 = 14 ______	64. 7 = y + 2 ______
65. 9 + y = 14 ______	66. 13 = y + 9 ______	67. 5 = y + 2 ______	68. 5 + y = 8 ______
69. 9 = 6 + y ______	70. 8 = y + 4 ______	71. y + 3 = 8 ______	72. 7 = 6 + y ______

Name:.................................. Date:..................................

Complete all the activities (Equation-Soustraction).

Solve for the variable.

1. $y - 3 = 6$ ________	2. $1 = y - 6$ ________	3. $0 = 4 - y$ ________	4. $1 = y - 6$ ________
5. $5 - y = 1$ ________	6. $0 = y - 7$ ________	7. $8 - y = 3$ ________	8. $2 = y - 1$ ________
9. $y - 3 = 1$ ________	10. $8 - y = 0$ ________	11. $y - 5 = 0$ ________	12. $y - 3 = 2$ ________
13. $y - 1 = 8$ ________	14. $y - 4 = 2$ ________	15. $8 - y = 6$ ________	16. $1 = y - 8$ ________
17. $7 - y = 3$ ________	18. $5 = 6 - y$ ________	19. $4 = y - 4$ ________	20. $1 = 6 - y$ ________
21. $y - 5 = 3$ ________	22. $y - 1 = 2$ ________	23. $3 = y - 6$ ________	24. $y - 7 = 1$ ________
25. $y - 5 = 4$ ________	26. $y - 2 = 5$ ________	27. $1 = 4 - y$ ________	28. $y - 3 = 3$ ________
29. $4 - y = 3$ ________	30. $2 = 6 - y$ ________	31. $2 = 9 - y$ ________	32. $4 = y - 2$ ________
33. $y - 5 = 2$ ________	34. $2 = 4 - y$ ________	35. $8 = 9 - y$ ________	36. $6 - y = 1$ ________
37. $y - 6 = 2$ ________	38. $y - 4 = 5$ ________	39. $6 - y = 3$ ________	40. $5 - y = 3$ ________
41. $y - 1 = 4$ ________	42. $5 - y = 1$ ________	43. $5 = y - 4$ ________	44. $1 = y - 1$ ________
45. $5 = y - 3$ ________	46. $4 - y = 3$ ________	47. $2 = 9 - y$ ________	48. $4 = 7 - y$ ________
49. $0 = 3 - y$ ________	50. $6 - y = 4$ ________	51. $5 = y - 1$ ________	52. $2 = 7 - y$ ________
53. $8 - y = 7$ ________	54. $y - 6 = 0$ ________	55. $6 = 8 - y$ ________	56. $7 = y - 2$ ________
57. $0 = 9 - y$ ________	58. $6 = 9 - y$ ________	59. $7 = 9 - y$ ________	60. $8 - y = 5$ ________
61. $y - 1 = 4$ ________	62. $y - 1 = 7$ ________	63. $y - 1 = 6$ ________	64. $1 = 2 - y$ ________
65. $y - 6 = 3$ ________	66. $y - 2 = 3$ ________	67. $6 = 7 - y$ ________	68. $y - 6 = 2$ ________
69. $9 - y = 4$ ________	70. $1 = 3 - y$ ________	71. $1 = 3 - y$ ________	72. $y - 3 = 4$ ________

Name:.................................. Date:..................................

Complete all the activities (Equation-Multiplication).

Solve for the variable.

1. $12 = 4 \times y$ ______	2. $2 \times y = 6$ ______	3. $18 = 9 \times y$ ______	4. $y \times 6 = 6$ ______
5. $1 \times y = 3$ ______	6. $y \times 2 = 12$ ______	7. $y \times 8 = 48$ ______	8. $32 = 4 \times y$ ______
9. $y \times 9 = 36$ ______	10. $14 = y \times 2$ ______	11. $y \times 5 = 15$ ______	12. $8 = 8 \times y$ ______
13. $4 = 1 \times y$ ______	14. $8 \times y = 56$ ______	15. $3 \times y = 24$ ______	16. $20 = 5 \times y$ ______
17. $16 = y \times 2$ ______	18. $56 = y \times 7$ ______	19. $y \times 4 = 20$ ______	20. $10 = 5 \times y$ ______
21. $42 = y \times 6$ ______	22. $8 = 4 \times y$ ______	23. $15 = 3 \times y$ ______	24. $49 = y \times 7$ ______
25. $14 = 7 \times y$ ______	26. $81 = y \times 9$ ______	27. $1 \times y = 6$ ______	28. $y \times 1 = 9$ ______
29. $y \times 9 = 54$ ______	30. $4 = y \times 2$ ______	31. $y \times 9 = 27$ ______	32. $y \times 8 = 24$ ______
33. $1 = 1 \times y$ ______	34. $y \times 5 = 35$ ______	35. $y \times 6 = 30$ ______	36. $6 = 3 \times y$ ______
37. $y \times 6 = 54$ ______	38. $9 = y \times 3$ ______	39. $12 = 3 \times y$ ______	40. $10 = 2 \times y$ ______
41. $y \times 5 = 5$ ______	42. $8 = y \times 2$ ______	43. $4 \times y = 28$ ______	44. $y \times 5 = 45$ ______
45. $3 \times y = 27$ ______	46. $4 \times y = 16$ ______	47. $16 = y \times 8$ ______	48. $y \times 2 = 2$ ______
49. $5 = 1 \times y$ ______	50. $y \times 8 = 64$ ______	51. $y \times 9 = 9$ ______	52. $3 \times y = 21$ ______
53. $8 \times y = 72$ ______	54. $y \times 9 = 63$ ______	55. $42 = 7 \times y$ ______	56. $36 = 6 \times y$ ______
57. $24 = 4 \times y$ ______	58. $y \times 7 = 35$ ______	59. $7 = y \times 1$ ______	60. $5 \times y = 30$ ______
61. $4 \times y = 36$ ______	62. $7 \times y = 28$ ______	63. $8 = y \times 1$ ______	64. $18 = 2 \times y$ ______
65. $72 = 9 \times y$ ______	66. $18 = 6 \times y$ ______	67. $y \times 3 = 3$ ______	68. $7 \times y = 63$ ______
69. $21 = y \times 7$ ______	70. $5 \times y = 40$ ______	71. $48 = y \times 6$ ______	72. $2 = 1 \times y$ ______

Name:.................................. Date:..................................

Complete all the activities (Equation-Division).

Solve for the variable.

1. y ÷ 4 = 7 _______	2. 2 = 10 ÷ y _______	3. 3 = 6 ÷ y _______	4. 12 ÷ y = 3 _______
5. 4 = y ÷ 1 _______	6. y ÷ 3 = 1 _______	7. y ÷ 8 = 3 _______	8. 7 = y ÷ 5 _______
9. 4 = y ÷ 4 _______	10. 2 ÷ y = 1 _______	11. 1 = y ÷ 1 _______	12. 6 = y ÷ 6 _______
13. 1 = y ÷ 9 _______	14. 4 = 36 ÷ y _______	15. 8 ÷ y = 4 _______	16. 21 ÷ y = 3 _______
17. 9 = y ÷ 8 _______	18. 28 ÷ y = 7 _______	19. 2 = y ÷ 2 _______	20. 63 ÷ y = 7 _______
21. 9 = y ÷ 6 _______	22. y ÷ 2 = 6 _______	23. 5 = y ÷ 9 _______	24. 8 = 16 ÷ y _______
25. 5 = 45 ÷ y _______	26. 15 ÷ y = 5 _______	27. 5 = y ÷ 3 _______	28. y ÷ 3 = 9 _______
29. y ÷ 2 = 4 _______	30. 9 = y ÷ 1 _______	31. 9 ÷ y = 3 _______	32. 4 ÷ y = 4 _______
33. 20 ÷ y = 5 _______	34. 4 = y ÷ 6 _______	35. 9 = 54 ÷ y _______	36. y ÷ 2 = 8 _______
37. 1 = y ÷ 6 _______	38. 8 = 56 ÷ y _______	39. 40 ÷ y = 8 _______	40. 8 = y ÷ 3 _______
41. 7 = 35 ÷ y _______	42. y ÷ 4 = 3 _______	43. y ÷ 9 = 8 _______	44. 7 = 49 ÷ y _______
45. 9 = y ÷ 9 _______	46. 25 ÷ y = 5 _______	47. 48 ÷ y = 8 _______	48. y ÷ 8 = 1 _______
49. y ÷ 1 = 5 _______	50. 5 ÷ y = 5 _______	51. y ÷ 9 = 4 _______	52. 3 = y ÷ 6 _______
53. 2 = y ÷ 7 _______	54. 30 ÷ y = 6 _______	55. 27 ÷ y = 9 _______	56. 8 = y ÷ 5 _______
57. 21 ÷ y = 7 _______	58. y ÷ 8 = 8 _______	59. 8 = y ÷ 4 _______	60. 8 = y ÷ 6 _______
61. y ÷ 2 = 7 _______	62. 42 ÷ y = 7 _______	63. 8 ÷ y = 1 _______	64. 3 = 18 ÷ y _______
65. 2 = 2 ÷ y _______	66. 2 = y ÷ 6 _______	67. 2 = 18 ÷ y _______	68. 4 = 24 ÷ y _______
69. 6 ÷ y = 2 _______	70. 30 ÷ y = 5 _______	71. 6 = y ÷ 1 _______	72. 63 ÷ y = 9 _______

Name:.................................. Date:..................................

Complete all the activities (Equation-Multiplication and Addition).

Solve for the variable.

1. $2 + 5y = 7$ ______	2. $37 = 8y + 5$ _____	3. $5y + 6 = 16$ _____	4. $11 = 2y + 5$ _____
5. $4 + 3y = 7$ ______	6. $14 = 7 + 1y$ _____	7. $3y + 3 = 9$ ______	8. $6y + 9 = 33$ _____
9. $33 = 3y + 9$ _____	10. $13 = 2y + 7$ _____	11. $11 = 1y + 8$ _____	12. $22 = 1 + 3y$ _____
13. $49 = 5y + 4$ _____	14. $2 + 1y = 9$ ______	15. $7y + 5 = 61$ _____	16. $17 = 5 + 2y$ _____
17. $11 = 1 + 5y$ _____	18. $12 = 9y + 3$ _____	19. $6 + 5y = 41$ _____	20. $8 + 6y = 56$ _____
21. $22 = 5y + 2$ _____	22. $2 + 2y = 18$ _____	23. $32 = 8 + 6y$ _____	24. $15 = 9y + 6$ _____
25. $3y + 8 = 29$ _____	26. $7y + 2 = 65$ _____	27. $21 = 8y + 5$ _____	28. $28 = 8y + 4$ _____
29. $4 = 1y + 1$ ______	30. $1y + 6 = 11$ _____	31. $6 = 4 + 1y$ ______	32. $26 = 9y + 8$ _____
33. $10 = 4y + 2$ _____	34. $27 = 8y + 3$ _____	35. $18 = 3y + 9$ _____	36. $4 + 6y = 40$ _____
37. $2 + 4y = 14$ _____	38. $10 = 6 + 1y$ _____	39. $32 = 5 + 3y$ _____	40. $6y + 1 = 55$ _____
41. $36 = 5y + 6$ _____	42. $3y + 6 = 33$ _____	43. $9 + 6y = 63$ _____	44. $36 = 4 + 4y$ _____
45. $21 = 1 + 4y$ _____	46. $3 + 5y = 28$ _____	47. $9 + 5y = 39$ _____	48. $1y + 7 = 16$ _____
49. $65 = 8y + 9$ _____	50. $47 = 5 + 6y$ _____	51. $45 = 6y + 3$ _____	52. $29 = 4 + 5y$ _____
53. $45 = 8y + 5$ _____	54. $1 + 8y = 9$ ______	55. $7 = 2 + 1y$ ______	56. $39 = 4 + 5y$ _____
57. $6 + 1y = 14$ _____	58. $9 = 7 + 2y$ ______	59. $55 = 9y + 1$ _____	60. $19 = 4y + 3$ _____
61. $23 = 2y + 7$ _____	62. $1y + 8 = 9$ ______	63. $8y + 7 = 39$ _____	64. $15 = 2y + 3$ _____
65. $25 = 1 + 6y$ _____	66. $28 = 6y + 4$ _____	67. $4y + 9 = 17$ _____	68. $1 + 1y = 9$ ______
69. $8 + 7y = 43$ _____	70. $75 = 9y + 3$ _____	71. $4y + 7 = 31$ _____	72. $5y + 2 = 32$ _____

Name:.................................... Date:....................................

Complete all the activities (Equation-Multiplication and Soustraction).

Solve for the variable.

1. 6 = 46 - 8y ______	2. 8y - 2 = 6 ______	3. 3 = 21 - 6y ______	4. 9 - 3y = 3 ______
5. 3y - 7 = 20 ______	6. 5 = 37 - 4y ______	7. 7y - 5 = 2 ______	8. 59 = 7y - 4 ______
9. 39 - 5y = 9 ______	10. 24 - 5y = 9 ______	11. 45 - 7y = 3 ______	12. 8 = 5y - 7 ______
13. 24 - 4y = 0 ______	14. 3y - 1 = 14 ______	15. 7 = 31 - 6y ______	16. 8 = 12 - 1y ______
17. 2 = 5 - 1y ______	18. 4 = 19 - 5y ______	19. 0 = 4 - 2y ______	20. 5 = 9 - 4y ______
21. 8y - 1 = 7 ______	22. 7y - 3 = 18 ______	23. 8 - 6y = 2 ______	24. 6 = 4y - 6 ______
25. 7 = 25 - 2y ______	26. 2y - 8 = 0 ______	27. 2y - 8 = 6 ______	28. 2 = 2y - 8 ______
29. 48 - 8y = 0 ______	30. 3y - 8 = 1 ______	31. 6y - 1 = 41 ______	32. 13 - 1y = 7 ______
33. 4 = 46 - 7y ______	34. 5y - 9 = 31 ______	35. 6y - 6 = 18 ______	36. 15 = 3y - 6 ______
37. 9 = 65 - 8y ______	38. 3 = 33 - 6y ______	39. 7 = 22 - 5y ______	40. 6y - 8 = 46 ______
41. 3y - 9 = 3 ______	42. 1 = 17 - 4y ______	43. 4y - 1 = 23 ______	44. 12 - 1y = 5 ______
45. 4 = 22 - 9y ______	46. 8 - 2y = 2 ______	47. 30 = 4y - 6 ______	48. 4y - 2 = 34 ______
49. 25 - 5y = 0 ______	50. 17 - 2y = 7 ______	51. 3y - 5 = 7 ______	52. 32 - 3y = 8 ______
53. 56 = 8y - 8 ______	54. 39 - 6y = 9 ______	55. 7 - 1y = 5 ______	56. 7 = 49 - 6y ______
57. 55 = 7y - 1 ______	58. 17 = 5y - 3 ______	59. 0 = 16 - 2y ______	60. 9y - 4 = 32 ______
61. 8y - 1 = 15 ______	62. 4y - 3 = 33 ______	63. 9 = 23 - 7y ______	64. 15 - 5y = 5 ______
65. 4y - 4 = 0 ______	66. 1y - 3 = 4 ______	67. 17 = 4y - 7 ______	68. 52 = 7y - 4 ______
69. 4 = 5y - 6 ______	70. 8 = 57 - 7y ______	71. 73 - 8y = 9 ______	72. 53 = 6y - 1 ______

Name:................................... Date:...................................

Complete all the activities (Equation-Mixed).

Solve for the variable.

1. $9 \times y = 27$ ______	2. $27 = 4y + 3$ ______	3. $y \times 3 = 15$ ______	4. $3 = y - 4$ ______
5. $15 = y \times 5$ ______	6. $3 = 24 \div y$ ______	7. $1 = 1 \times y$ ______	8. $1 \times y = 2$ ______
9. $22 = 7y + 8$ ______	10. $4 = 36 \div y$ ______	11. $y - 6 = 2$ ______	12. $6 = 42 \div y$ ______
13. $13 = 5 + y$ ______	14. $2 = y - 2$ ______	15. $27 \div y = 3$ ______	16. $2 = y - 1$ ______
17. $33 = 5y - 2$ ______	18. $7 - y = 4$ ______	19. $11 = 9 + y$ ______	20. $3 - y = 1$ ______
21. $7 + 2y = 23$ ______	22. $2 = 6 - y$ ______	23. $2 = 7 - y$ ______	24. $79 - 9y = 7$ ______
25. $9 = y + 4$ ______	26. $64 \div y = 8$ ______	27. $20 = 2 + 9y$ ______	28. $12 \div y = 4$ ______
29. $5 = 3 + y$ ______	30. $y - 5 = 1$ ______	31. $y \times 1 = 6$ ______	32. $7 = 42 \div y$ ______
33. $9 = 9 \times y$ ______	34. $12 \div y = 6$ ______	35. $7 = 23 - 4y$ ______	36. $52 - 6y = 4$ ______
37. $7 = 7 \div y$ ______	38. $7 \times y = 49$ ______	39. $5 \div y = 5$ ______	40. $1 = 9 - y$ ______
41. $78 = 8y + 6$ ______	42. $y \div 6 = 3$ ______	43. $42 = 6 + 6y$ ______	44. $y + 4 = 5$ ______
45. $8 = 12 - 4y$ ______	46. $71 - 9y = 8$ ______	47. $4 = 24 - 5y$ ______	48. $9y - 5 = 13$ ______
49. $63 \div y = 7$ ______	50. $4 = y - 5$ ______	51. $21 = 2y + 9$ ______	52. $21 = 7 \times y$ ______
53. $12 = y \times 2$ ______	54. $8 - y = 3$ ______	55. $7 \times y = 28$ ______	56. $1y + 2 = 6$ ______
57. $7 + y = 12$ ______	58. $5 = y \div 1$ ______	59. $2 = y - 4$ ______	60. $48 = 8 \times y$ ______
61. $2 = 3 - y$ ______	62. $1 = 5 - y$ ______	63. $15 = y + 8$ ______	64. $81 = y \times 9$ ______
65. $1 \times y = 8$ ______	66. $25 \div y = 5$ ______	67. $5 = y + 1$ ______	68. $6 + 1y = 7$ ______
69. $50 = 5y + 5$ ______	70. $8 \times y = 24$ ______	71. $11 = y + 2$ ______	72. $31 - 3y = 4$ ______

Name:.................................. Date:..................................

Complete all the activities (Equation-Mixed).

Solve for the variable.

1. $11 - 2y = 5$ ______	2. $34 = 7y + 6$ ______	3. $9 = y \div 6$ ______	4. $9 \times y = 18$ ______
5. $y - 1 = 8$ ______	6. $3y - 1 = 17$ ______	7. $5 + 7y = 19$ ______	8. $y - 9 = 0$ ______
9. $5 + y = 13$ ______	10. $2 - y = 1$ ______	11. $8y - 8 = 48$ ______	12. $14 = 7 \times y$ ______
13. $1 = 7 \div y$ ______	14. $35 \div y = 5$ ______	15. $y \times 1 = 2$ ______	16. $y \times 3 = 24$ ______
17. $10 = 6y - 8$ ______	18. $11 = 6y - 7$ ______	19. $y \div 8 = 2$ ______	20. $7 + y = 15$ ______
21. $y \times 2 = 4$ ______	22. $8 + 3y = 11$ ______	23. $49 = 9 + 8y$ ______	24. $9 = 36 \div y$ ______
25. $7 = 49 \div y$ ______	26. $y \div 3 = 7$ ______	27. $y - 1 = 5$ ______	28. $12 \div y = 4$ ______
29. $4 + y = 12$ ______	30. $1 = y - 4$ ______	31. $1 = y - 2$ ______	32. $2y + 1 = 11$ ______
33. $3 = y - 2$ ______	34. $5 \times y = 15$ ______	35. $9y - 9 = 54$ ______	36. $2 = 44 - 7y$ ______
37. $15 = y \times 3$ ______	38. $5 = y \div 8$ ______	39. $y - 5 = 0$ ______	40. $14 = 8 + y$ ______
41. $8 = y + 4$ ______	42. $y \div 1 = 4$ ______	43. $1y + 9 = 15$ ______	44. $27 = 3 \times y$ ______
45. $y \div 7 = 5$ ______	46. $17 - 2y = 5$ ______	47. $7 + 5y = 27$ ______	48. $y + 9 = 17$ ______
49. $2y + 8 = 24$ ______	50. $2 = 18 \div y$ ______	51. $6 + 9y = 33$ ______	52. $2 = 4 - y$ ______
53. $y \times 5 = 5$ ______	54. $6 = y \times 3$ ______	55. $4 + 4y = 32$ ______	56. $12 = 8 + y$ ______
57. $2y + 3 = 5$ ______	58. $7 = y \div 6$ ______	59. $4 = y \times 4$ ______	60. $y \times 3 = 12$ ______
61. $76 = 8y + 4$ ______	62. $1 = y - 8$ ______	63. $9 = 7 + 2y$ ______	64. $4 - y = 2$ ______
65. $1 - y = 0$ ______	66. $1 = 8 \div y$ ______	67. $2 = 14 \div y$ ______	68. $9 + y = 12$ ______
69. $7 + y = 16$ ______	70. $5y + 2 = 32$ ______	71. $12 = 6 \times y$ ______	72. $8 = 9 - y$ ______

Name:................................... Date:...................................

Complete all the activities (Equation-Mixed).

Solve for the variable.

1. 9 × y = 54 ______	2. 7 ÷ y = 1 ______	3. 13 = 5 + y ______	4. 28 = 5y - 2 ______
5. 1 - 1y = 0 ______	6. y × 4 = 8 ______	7. 5 + y = 14 ______	8. 66 - 7y = 3 ______
9. y ÷ 8 = 5 ______	10. y ÷ 5 = 1 ______	11. 24 = y × 4 ______	12. 9y - 9 = 36 ______
13. 6 + 8y = 38 ______	14. 24 ÷ y = 3 ______	15. 16 - 7y = 9 ______	16. 0 = y - 3 ______
17. 26 = 9y - 1 ______	18. 20 = y × 4 ______	19. 2 + 8y = 26 ______	20. 5 + y = 10 ______
21. 23 = 4y - 9 ______	22. y × 6 = 36 ______	23. 8y - 1 = 63 ______	24. 10 = 1 + y ______
25. 4 = 1 × y ______	26. 8 - y = 6 ______	27. 11 = 3y - 7 ______	28. 28 = 6y + 4 ______
29. 8y - 5 = 51 ______	30. y × 9 = 27 ______	31. 9 = y + 2 ______	32. 48 = 6 × y ______
33. 36 = 4 × y ______	34. 2 + 1y = 7 ______	35. 4 = 8 - y ______	36. 9 + 9y = 90 ______
37. 6 = y - 2 ______	38. y ÷ 6 = 2 ______	39. y × 7 = 21 ______	40. 13 - 2y = 3 ______
41. 30 ÷ y = 5 ______	42. 2y - 1 = 3 ______	43. 6 + 1y = 9 ______	44. 5 = 3y + 2 ______
45. 3 = 3 × y ______	46. 13 = 9 + 4y ______	47. 12 ÷ y = 4 ______	48. 7 = 56 ÷ y ______
49. y ÷ 8 = 7 ______	50. 6 = y × 1 ______	51. y - 3 = 5 ______	52. 8 + 6y = 56 ______
53. 6 + 2y = 16 ______	54. 0 = y - 2 ______	55. 3 × y = 12 ______	56. 8 = 4 + 4y ______
57. y ÷ 6 = 7 ______	58. 9 - y = 7 ______	59. 10 ÷ y = 5 ______	60. 6 = y ÷ 3 ______
61. 2 = 9 - y ______	62. y - 1 = 6 ______	63. 9 - y = 6 ______	64. 9y - 7 = 29 ______
65. 1 = 5 - 1y ______	66. 8 + y = 14 ______	67. y × 8 = 72 ______	68. 9 = 37 - 4y ______
69. 21 ÷ y = 3 ______	70. 15 = y × 5 ______	71. 9 × y = 36 ______	72. 9 = 2y - 1 ______

Name:.................................. Date:..................................

Complete all the activities (Equation-Mixed).

Solve for the variable.

1. $3y - 9 = 15$ ______	2. $6 = 6 \times y$ ______	3. $y - 2 = 3$ ______	4. $2 - y = 1$ ______
5. $11 = y + 9$ ______	6. $y - 1 = 8$ ______	7. $11 = y + 4$ ______	8. $65 - 8y = 9$ ______
9. $32 \div y = 4$ ______	10. $5 = y + 3$ ______	11. $y - 2 = 2$ ______	12. $2 = 8 - y$ ______
13. $42 = 7 \times y$ ______	14. $20 = 4 + 4y$ ______	15. $8 = y \times 4$ ______	16. $1 + 2y = 17$ ______
17. $9 + 8y = 41$ ______	18. $8 = y - 1$ ______	19. $64 = 7y + 8$ ______	20. $9 + 8y = 65$ ______
21. $24 = y \times 3$ ______	22. $45 = 6y + 3$ ______	23. $2 = 3 - y$ ______	24. $33 = 6y - 3$ ______
25. $7 - y = 6$ ______	26. $4 = 2 + y$ ______	27. $y \times 8 = 56$ ______	28. $8 = 6 + y$ ______
29. $45 = 5 + 5y$ ______	30. $6 + y = 11$ ______	31. $y - 5 = 4$ ______	32. $39 = 8y - 9$ ______
33. $7 + y = 10$ ______	34. $4y + 8 = 28$ ______	35. $y - 4 = 2$ ______	36. $7 \times y = 56$ ______
37. $9 = y + 8$ ______	38. $90 = 9y + 9$ ______	39. $9 = y \times 3$ ______	40. $9 = 2 + y$ ______
41. $y \div 6 = 3$ ______	42. $2 \times y = 6$ ______	43. $2 = y \div 1$ ______	44. $1 + y = 5$ ______
45. $y - 2 = 6$ ______	46. $6 + y = 13$ ______	47. $20 = y \times 5$ ______	48. $24 \div y = 6$ ______
49. $7 \times y = 35$ ______	50. $5 = y \div 5$ ______	51. $y + 1 = 2$ ______	52. $6 = 1 \times y$ ______
53. $7 = 49 \div y$ ______	54. $4 = 5 - y$ ______	55. $34 - 5y = 9$ ______	56. $3 = 15 - 6y$ ______
57. $1y + 3 = 7$ ______	58. $5 \div y = 5$ ______	59. $13 = 4y + 1$ ______	60. $y - 3 = 2$ ______
61. $y \times 2 = 12$ ______	62. $4y - 6 = 30$ ______	63. $18 = y \times 2$ ______	64. $9 \times y = 27$ ______
65. $y \div 3 = 9$ ______	66. $5 \times y = 15$ ______	67. $24 = y \times 8$ ______	68. $4 \times y = 12$ ______
69. $4 = y \times 4$ ______	70. $14 = y \times 7$ ______	71. $45 \div y = 9$ ______	72. $6 \times y = 36$ ______

Name:................................... Date:...................................

Complete all the activities (Equation-Mixed).

Solve for the variable.

1. $5 \times y = 5$ ______	2. $24 = y \times 6$ ______	3. $y - 2 = 0$ ______	4. $3 + y = 11$ ______
5. $6 = 8 - y$ ______	6. $1 = y \div 3$ ______	7. $7 = y + 1$ ______	8. $2 = 7 - y$ ______
9. $15 = y + 7$ ______	10. $3 = y - 6$ ______	11. $5y - 4 = 41$ ______	12. $5y + 2 = 27$ ______
13. $7 + y = 13$ ______	14. $9 + y = 11$ ______	15. $16 = y + 9$ ______	16. $7 = 34 - 9y$ ______
17. $9 + 9y = 81$ ______	18. $61 = 6y + 7$ ______	19. $1 = 3 - y$ ______	20. $3 = y \div 9$ ______
21. $y - 3 = 3$ ______	22. $11 = 6y - 7$ ______	23. $8 = 40 \div y$ ______	24. $15 = y + 8$ ______
25. $0 = y - 6$ ______	26. $39 = 5y - 1$ ______	27. $y \div 4 = 5$ ______	28. $2 = y - 3$ ______
29. $3 \times y = 21$ ______	30. $7 - y = 6$ ______	31. $3 = y + 1$ ______	32. $1 = y \div 9$ ______
33. $0 = 2y - 4$ ______	34. $12 \div y = 3$ ______	35. $8 = 4 \times y$ ______	36. $13 - 3y = 4$ ______
37. $7 = 6 + y$ ______	38. $y + 3 = 8$ ______	39. $7 \times y = 49$ ______	40. $15 - 4y = 7$ ______
41. $62 - 9y = 8$ ______	42. $y + 8 = 11$ ______	43. $y \div 8 = 4$ ______	44. $11 - 1y = 2$ ______
45. $11 = y + 5$ ______	46. $1 = y - 8$ ______	47. $1 = y \div 1$ ______	48. $1 = 3 - 1y$ ______
49. $59 - 6y = 5$ ______	50. $y \div 5 = 5$ ______	51. $38 = 5y - 2$ ______	52. $9 - y = 6$ ______
53. $5 - y = 4$ ______	54. $0 = 12 - 3y$ ______	55. $1 = 2 - y$ ______	56. $3 = 39 - 6y$ ______
57. $5y - 6 = 9$ ______	58. $y \times 1 = 7$ ______	59. $y + 6 = 8$ ______	60. $2 + 5y = 47$ ______
61. $12 = 5 + y$ ______	62. $16 = 8 + 1y$ ______	63. $3 = y - 4$ ______	64. $9y + 5 = 41$ ______
65. $13 = 5 + 1y$ ______	66. $2 = 44 - 7y$ ______	67. $3 = y \times 1$ ______	68. $7 = y \div 2$ ______
69. $4 \div y = 1$ ______	70. $y + 4 = 8$ ______	71. $36 = y \times 9$ ______	72. $3y - 9 = 6$ ______

Name:.................................... Date:....................................

Complete all the activities (Equation-Mixed).

Solve for the variable.

1. $10 \div y = 2$ ______	2. $6 + y = 15$ ______	3. $3 + y = 10$ ______	4. $9 + y = 15$ ______
5. $7 = 9 - y$ ______	6. $3 = y \div 7$ ______	7. $4 = 3 + y$ ______	8. $6 = y \div 8$ ______
9. $9 \times y = 72$ ______	10. $35 \div y = 5$ ______	11. $9 \times y = 45$ ______	12. $7 = 8y - 9$ ______
13. $4 - y = 1$ ______	14. $6 + y = 9$ ______	15. $8 \div y = 8$ ______	16. $7 = 11 - 2y$ ______
17. $3 = y \div 3$ ______	18. $y - 2 = 6$ ______	19. $18 = y \times 2$ ______	20. $y - 2 = 0$ ______
21. $3 = 7 - y$ ______	22. $y \times 8 = 56$ ______	23. $y \times 7 = 28$ ______	24. $42 = 7 \times y$ ______
25. $2y + 1 = 15$ ______	26. $29 - 4y = 1$ ______	27. $4 + y = 10$ ______	28. $5y - 3 = 27$ ______
29. $5 = 13 - 1y$ ______	30. $y + 7 = 15$ ______	31. $y \div 1 = 5$ ______	32. $y \times 1 = 1$ ______
33. $5 + y = 9$ ______	34. $5 = 6 - y$ ______	35. $6y + 2 = 38$ ______	36. $16 = 9y + 7$ ______
37. $9 = 81 \div y$ ______	38. $6 - y = 5$ ______	39. $4 = 4 \div y$ ______	40. $20 = y \times 4$ ______
41. $68 = 5 + 7y$ ______	42. $7 \times y = 35$ ______	43. $2 + 8y = 10$ ______	44. $63 \div y = 7$ ______
45. $29 - 7y = 8$ ______	46. $9 = 2 + y$ ______	47. $2 = y \div 6$ ______	48. $4y - 8 = 4$ ______
49. $y \div 8 = 2$ ______	50. $24 - 8y = 0$ ______	51. $4y - 6 = 10$ ______	52. $6y - 1 = 17$ ______
53. $1 = y - 6$ ______	54. $8 = y \times 4$ ______	55. $25 = 1 + 3y$ ______	56. $y \times 9 = 36$ ______
57. $3y + 3 = 30$ ______	58. $4 - y = 0$ ______	59. $16 = 6 + 2y$ ______	60. $1 = 2y - 5$ ______
61. $10 \div y = 5$ ______	62. $y \div 4 = 9$ ______	63. $6 = 48 \div y$ ______	64. $3 \times y = 15$ ______
65. $16 = 8 + y$ ______	66. $2y + 8 = 26$ ______	67. $1 = y - 2$ ______	68. $9 = y \div 1$ ______
69. $3 = y - 5$ ______	70. $30 = y \times 5$ ______	71. $8 = 56 - 8y$ ______	72. $y \div 4 = 8$ ______

Name:.................................... Date:....................................

Complete all the activities (Equation-Mixed).

Solve for the variable.

1. 72 - 8y = 0 ______	2. 27 = y × 3 ______	3. 8 ÷ y = 8 ______	4. 28 ÷ y = 4 ______
5. 2 = y - 5 ______	6. y ÷ 3 = 5 ______	7. y × 5 = 25 ______	8. y × 1 = 5 ______
9. y ÷ 4 = 9 ______	10. y × 8 = 24 ______	11. 7 = y ÷ 3 ______	12. 13 = y + 6 ______
13. 7 = y ÷ 8 ______	14. 7 = 23 - 2y ______	15. 2y + 7 = 23 ______	16. 9 × y = 45 ______
17. 7 + y = 8 ______	18. 2y - 4 = 8 ______	19. 7 × y = 28 ______	20. 1 = 1 ÷ y ______
21. y ÷ 5 = 7 ______	22. y ÷ 4 = 5 ______	23. 9 = 3 + y ______	24. y - 4 = 4 ______
25. 3 = y ÷ 9 ______	26. 17 = y + 8 ______	27. y + 2 = 3 ______	28. y - 5 = 4 ______
29. y - 6 = 3 ______	30. 2 = 1 × y ______	31. 14 = y + 7 ______	32. 23 - 8y = 7 ______
33. 8 = 9 - y ______	34. 2 = 22 - 4y ______	35. 6 - y = 5 ______	36. 42 ÷ y = 7 ______
37. 54 = 5y + 9 ______	38. 1 = 3 - y ______	39. 34 = 7y + 6 ______	40. y × 5 = 20 ______
41. 6 = 4 + y ______	42. y ÷ 4 = 1 ______	43. 3 + y = 6 ______	44. 4y - 2 = 26 ______
45. 3y - 6 = 9 ______	46. y - 1 = 2 ______	47. 3 = 8 - y ______	48. 1 = y - 3 ______
49. 6 = y ÷ 5 ______	50. 1y + 8 = 12 ______	51. 4 = y ÷ 4 ______	52. y ÷ 2 = 6 ______
53. 6 × y = 36 ______	54. 9 = y × 1 ______	55. 2 = y - 3 ______	56. 3 = y - 1 ______
57. 21 = 7 × y ______	58. y + 3 = 4 ______	59. 0 = 72 - 9y ______	60. y ÷ 2 = 4 ______
61. 2 = 1y - 6 ______	62. 3 = 9 - y ______	63. 1 = 17 - 8y ______	64. y + 7 = 16 ______
65. 16 = 5y + 6 ______	66. 48 = y × 8 ______	67. 3y - 5 = 1 ______	68. 7y - 8 = 48 ______
69. 10 = 8 + y ______	70. 9 = 1 + y ______	71. 3 = 6 - 3y ______	72. 4y + 6 = 18 ______

Name:.................................. Date:..................................

Complete all the activities (Equation-Mixed).

Solve for the variable.

1. 5 = 40 ÷ y ______	2. 3y + 3 = 12 _____	3. 5 = y - 1 _______	4. 12 = 6 + 2y _____
5. 5 - 1y = 4 ______	6. 4y + 7 = 39 _____	7. 3y + 2 = 20 _____	8. 16 ÷ y = 4 ______
9. 6y - 5 = 7 ______	10. 45 = 9 × y ______	11. 5 = y - 1 _______	12. 7 - y = 2 _______
13. 4 = 9 - y _______	14. 6y - 4 = 14 _____	15. 4 = y ÷ 3 _______	16. 8 = 43 - 5y _____
17. 3 - y = 1 _______	18. 16 - 4y = 0 _____	19. 16 = y + 7 ______	20. 9 - 3y = 0 ______
21. 2 = 1y + 1 ______	22. 23 = 4y + 7 _____	23. 16 = 7 + 3y _____	24. 4 = 1y - 1 ______
25. 4 = 3 + y _______	26. 17 = y + 8 ______	27. 1y + 2 = 10 _____	28. 5 - y = 3 _______
29. 6 = y - 1 _______	30. 54 = y × 6 ______	31. 5 = y ÷ 7 _______	32. 5 - y = 1 _______
33. 2 + 8y = 34 _____	34. 6 = y - 2 _______	35. 8 = y + 6 _______	36. y - 2 = 5 _______
37. 1 + 8y = 73 _____	38. 9 = 1y + 2 ______	39. 2 = 4 ÷ y _______	40. y - 1 = 1 _______
41. y - 4 = 5 _______	42. 1 + y = 5 _______	43. 3 = 1 × y _______	44. 3 = y - 5 _______
45. y ÷ 9 = 8 _______	46. 1 = 7 ÷ y _______	47. 13 - 3y = 7 _____	48. 64 - 8y = 8 _____
49. 2 = 6 - y _______	50. 3 = 24 ÷ y ______	51. y - 2 = 7 _______	52. y ÷ 4 = 1 _______
53. 3 = y + 2 _______	54. 5 = 21 - 2y _____	55. y + 8 = 16 ______	56. 15 ÷ y = 3 ______
57. 9 = 63 - 9y _____	58. 83 - 9y = 2 _____	59. 18 = 9 + 1y _____	60. 3 = y ÷ 8 _______
61. y × 8 = 32 ______	62. 11 = y + 5 ______	63. 8 - y = 1 _______	64. 70 = 9y + 7 _____
65. 6 × y = 42 ______	66. 48 ÷ y = 8 ______	67. 1 = y ÷ 8 _______	68. 30 = 5y + 5 _____
69. y - 1 = 8 _______	70. y ÷ 4 = 2 _______	71. 2 = 8 - y _______	72. y + 9 = 16 ______

Name:................................... Date:...................................

Complete all the activities (Equation-Mixed).

Solve for the variable.

1. 11 = 6 + y ______	2. 5 = 45 ÷ y ______	3. 7 + 2y = 23 ______	4. 8 = y ÷ 5 ______
5. y ÷ 7 = 5 ______	6. 8 + y = 12 ______	7. 9y - 3 = 69 ______	8. 7 = 5 + y ______
9. 9 + 4y = 17 ______	10. 16 = y × 2 ______	11. 3 = y × 1 ______	12. y × 8 = 72 ______
13. 0 = 5 - 5y ______	14. y - 9 = 0 ______	15. 61 = 9y + 7 ______	16. 4 = y - 1 ______
17. 2y + 7 = 13 ______	18. y - 1 = 1 ______	19. 12 ÷ y = 6 ______	20. y - 6 = 3 ______
21. y × 2 = 14 ______	22. 7y - 4 = 24 ______	23. 4 = 4 ÷ y ______	24. 12 = 3 + y ______
25. 3 = 8 - y ______	26. 2 = 6 - y ______	27. 7 - y = 2 ______	28. y × 9 = 63 ______
29. 29 - 9y = 2 ______	30. 6 + y = 14 ______	31. 7 × y = 63 ______	32. 12 = 2 × y ______
33. 7 ÷ y = 1 ______	34. y + 2 = 5 ______	35. 1 = y ÷ 6 ______	36. 1 × y = 8 ______
37. 62 = 6 + 8y ______	38. 14 = 7 + y ______	39. 1 × y = 9 ______	40. 9 - 2y = 7 ______
41. 6 = 4 + y ______	42. y ÷ 4 = 9 ______	43. 8 = 16 ÷ y ______	44. y × 4 = 20 ______
45. y × 2 = 4 ______	46. 3y - 8 = 1 ______	47. y + 5 = 8 ______	48. 20 = 2y + 8 ______
49. 10 ÷ y = 2 ______	50. 1 = 4 - y ______	51. y × 6 = 54 ______	52. y × 3 = 3 ______
53. 64 = 8y + 8 ______	54. 9 = 72 ÷ y ______	55. 2 = 6 - y ______	56. 3 + 6y = 45 ______
57. 39 = 6y + 3 ______	58. 7 × y = 14 ______	59. 3 = 7 - y ______	60. 11 = 8 + y ______
61. 1 = 4 ÷ y ______	62. 9 = 36 ÷ y ______	63. y × 4 = 32 ______	64. 1 = 1 × y ______
65. 1 + y = 7 ______	66. 18 = y × 2 ______	67. 11 = 4 + y ______	68. 3 + y = 6 ______
69. 9 = 2 + 7y ______	70. 3 = 5y - 7 ______	71. 9y + 5 = 50 ______	72. 12 = y × 4 ______

Name:.................................... Date:....................................

Complete all the activities (Equation-Mixed).

Solve for the variable.

1. $37 = 8y + 5$ _____	2. $9 = 3 + y$ _______	3. $7 = y + 1$ _______	4. $64 = 7y + 8$ _____
5. $72 = 9 + 7y$ _____	6. $5 - y = 2$ _______	7. $3 = 9 - y$ _______	8. $2 + y = 4$ _______
9. $6 = 14 - 4y$ _____	10. $6 = y - 2$ _______	11. $10 = 6y + 4$ _____	12. $68 = 5 + 9y$ _____
13. $13 = 2y + 9$ _____	14. $11 = y + 5$ _____	15. $63 = y \times 7$ _____	16. $14 = y + 8$ _____
17. $8 = y + 4$ _______	18. $72 = 8 \times y$ _____	19. $9 = 5 + 2y$ _____	20. $y - 3 = 6$ _______
21. $2 = y \times 2$ _______	22. $2 = 6 - y$ _______	23. $2y - 8 = 2$ _______	24. $y \div 5 = 8$ _______
25. $3 + y = 6$ _______	26. $54 = 6 \times y$ _____	27. $1 = y - 7$ _______	28. $85 - 9y = 4$ _____
29. $8 - y = 5$ _______	30. $2 = y - 1$ _______	31. $12 = 6 \times y$ _____	32. $y + 6 = 12$ _____
33. $5 - y = 0$ _______	34. $7 = 21 - 2y$ _____	35. $6 + y = 14$ _____	36. $8 = 56 \div y$ _____
37. $8y - 7 = 1$ _______	38. $y + 8 = 12$ _____	39. $55 = 6 + 7y$ _____	40. $1 = y - 8$ _______
41. $24 \div y = 8$ _____	42. $5 \times y = 5$ _______	43. $7 = y \div 2$ _______	44. $5 = y + 1$ _______
45. $7 = y - 2$ _______	46. $7 + 4y = 35$ _____	47. $54 - 6y = 6$ _____	48. $y \div 2 = 5$ _______
49. $y - 1 = 8$ _______	50. $38 = 9y - 7$ _____	51. $6 = 6 \times y$ _______	52. $8 = y \div 2$ _______
53. $14 \div y = 7$ _____	54. $10 = 1 + 3y$ _____	55. $33 = 6y + 3$ _____	56. $1 \times y = 5$ _______
57. $5 = 1 + 2y$ _____	58. $y - 3 = 3$ _______	59. $2 + 6y = 38$ _____	60. $y \times 2 = 6$ _______
61. $y \div 4 = 9$ _______	62. $42 \div y = 7$ _____	63. $14 = 9 + y$ _____	64. $1y + 6 = 11$ _____
65. $3 = 7 - y$ _______	66. $3 + 9y = 66$ _____	67. $14 - 1y = 7$ _____	68. $4 - y = 2$ _______
69. $25 = 1 + 3y$ _____	70. $y \times 4 = 20$ _____	71. $y - 1 = 8$ _______	72. $3 = 19 - 4y$ _____

Name:.................................. Date:..................................

Complete all the activities (Equation-Mixed).

Solve for the variable.

1. y - 3 = 4 ______	2. y - 3 = 2 ______	3. 1 = y ÷ 9 ______	4. 5 = y ÷ 1 ______
5. 8 + y = 10 ______	6. 2 = 14 ÷ y ______	7. 1 = 4 - y ______	8. y - 2 = 1 ______
9. 24 = y × 3 ______	10. 12 = 4 + y ______	11. 2 = 8 - 1y ______	12. 2 = y + 1 ______
13. 7 - y = 6 ______	14. 12 = 8 + y ______	15. 29 - 7y = 8 ______	16. 9 - y = 6 ______
17. 10 = 7 + y ______	18. 16 = 3y - 2 ______	19. 9y - 2 = 16 ______	20. 15 = 3 × y ______
21. 0 = 5 - y ______	22. 50 = 6y + 8 ______	23. 5 + y = 13 ______	24. 1 = y - 1 ______
25. 7 + 6y = 19 ______	26. 7 = 8 - y ______	27. 54 - 6y = 0 ______	28. y - 2 = 4 ______
29. 7 = 3 + y ______	30. 4 ÷ y = 4 ______	31. 1 × y = 2 ______	32. 6 ÷ y = 3 ______
33. y + 2 = 6 ______	34. 9 + y = 14 ______	35. 15 = 9 + y ______	36. 9 = 21 - 2y ______
37. 8 = 24 ÷ y ______	38. 2 + 8y = 66 ______	39. 5 + y = 7 ______	40. 0 = 6 - 1y ______
41. 7 × y = 49 ______	42. 6 - y = 5 ______	43. 5y - 5 = 40 ______	44. 24 = 9y - 3 ______
45. 7 × y = 35 ______	46. 6 - y = 1 ______	47. 5 ÷ y = 5 ______	48. 4 = y ÷ 5 ______
49. 9 = y ÷ 6 ______	50. 24 - 4y = 8 ______	51. 9 = y + 4 ______	52. 18 = 9 × y ______
53. 2 = y - 7 ______	54. y × 7 = 63 ______	55. 4 × y = 8 ______	56. 8 + 3y = 23 ______
57. 13 = y + 6 ______	58. y × 2 = 18 ______	59. y + 6 = 9 ______	60. 7 - y = 3 ______
61. y + 3 = 4 ______	62. 7 = y + 2 ______	63. 36 = y × 9 ______	64. y + 8 = 16 ______
65. 1y - 1 = 8 ______	66. 1 = y - 8 ______	67. 3 = 1 × y ______	68. 30 = 6 × y ______
69. 17 = 9 + y ______	70. 6 = 24 - 3y ______	71. y ÷ 5 = 7 ______	72. 33 = 1 + 8y ______

Name:.................................. Date:..................................

Complete all the activities (Equation-Mixed).

Solve for the variable.

1. $71 = 7y + 8$ ______	2. $y + 3 = 8$ ______	3. $1y + 4 = 9$ ______	4. $y \div 1 = 9$ ______
5. $5 = y \div 6$ ______	6. $y \times 3 = 6$ ______	7. $2 = y - 5$ ______	8. $3 = y - 2$ ______
9. $7 = y \div 3$ ______	10. $6 = 2y - 2$ ______	11. $6 - y = 4$ ______	12. $8 - 1y = 6$ ______
13. $6 = 9 - y$ ______	14. $19 = 6y + 1$ ______	15. $4 = y \div 6$ ______	16. $23 - 6y = 5$ ______
17. $1 \times y = 2$ ______	18. $6 = y \times 1$ ______	19. $9 - y = 1$ ______	20. $y \div 7 = 4$ ______
21. $4y + 7 = 11$ ______	22. $9 \times y = 18$ ______	23. $35 - 5y = 0$ ______	24. $15 = 1y + 7$ ______
25. $2y - 5 = 7$ ______	26. $9 = 36 \div y$ ______	27. $y - 3 = 5$ ______	28. $9 = 9 \times y$ ______
29. $9 = y + 8$ ______	30. $10 = 4 + 1y$ ______	31. $5 - y = 4$ ______	32. $1 = 64 - 9y$ ______
33. $2 = 3 - y$ ______	34. $y - 2 = 2$ ______	35. $7 = y \div 9$ ______	36. $7 + y = 10$ ______
37. $5 = y - 3$ ______	38. $3 + 3y = 30$ ______	39. $y \times 5 = 45$ ______	40. $1 = 4 \div y$ ______
41. $8 = 35 - 9y$ ______	42. $4 = 2y - 8$ ______	43. $0 = 9 - 1y$ ______	44. $9 = 1 + 1y$ ______
45. $6 = 6 \div y$ ______	46. $12 = y \times 3$ ______	47. $16 = 7 + y$ ______	48. $14 = y + 6$ ______
49. $y - 2 = 7$ ______	50. $6 \times y = 12$ ______	51. $4 = 5 - y$ ______	52. $36 = y \times 4$ ______
53. $6y - 8 = 16$ ______	54. $4 + y = 5$ ______	55. $y - 1 = 1$ ______	56. $2y - 4 = 2$ ______
57. $9 = 25 - 4y$ ______	58. $8 \times y = 40$ ______	59. $9 - y = 4$ ______	60. $0 = 5 - y$ ______
61. $5y + 2 = 27$ ______	62. $11 - 5y = 6$ ______	63. $y \times 7 = 49$ ______	64. $6 + 9y = 60$ ______
65. $2 + 4y = 30$ ______	66. $y \div 8 = 8$ ______	67. $y \div 2 = 3$ ______	68. $y \div 9 = 6$ ______
69. $1 = 8 - y$ ______	70. $0 = y - 2$ ______	71. $5 = 26 - 3y$ ______	72. $5y + 4 = 24$ ______

Name:.................................. Date:..................................

Complete all the activities (Equation-Mixed).

Solve for the variable.

1. $17 = 2y + 3$ ______	2. $6 + 1y = 15$ ______	3. $9 + y = 11$ ______	4. $5 = 3y - 7$ ______
5. $11 = 7y - 3$ ______	6. $6 = 8 - y$ ______	7. $1y + 9 = 15$ ______	8. $9 = 9 \times y$ ______
9. $2y - 8 = 4$ ______	10. $y - 5 = 1$ ______	11. $58 - 6y = 4$ ______	12. $1 = y \times 1$ ______
13. $7 = 42 \div y$ ______	14. $6 = y + 4$ ______	15. $4y - 6 = 2$ ______	16. $5 = 7 - y$ ______
17. $y \times 6 = 36$ ______	18. $81 = 9 + 8y$ ______	19. $7 = y \div 9$ ______	20. $y + 3 = 8$ ______
21. $8 = 4 + 4y$ ______	22. $38 - 5y = 3$ ______	23. $9y - 2 = 52$ ______	24. $8 = y + 4$ ______
25. $7y - 8 = 27$ ______	26. $13 - 1y = 5$ ______	27. $3 = 5 - y$ ______	28. $9 = y \times 3$ ______
29. $6 - y = 1$ ______	30. $4 = y \div 1$ ______	31. $6 = y \times 1$ ______	32. $51 - 5y = 6$ ______
33. $y - 5 = 0$ ______	34. $2 + y = 11$ ______	35. $4 = y \div 6$ ______	36. $3 = y + 1$ ______
37. $2y - 5 = 13$ ______	38. $39 = 6y + 3$ ______	39. $7 = 42 - 5y$ ______	40. $13 = 1y + 6$ ______
41. $y \div 2 = 2$ ______	42. $8 = y \times 8$ ______	43. $7y - 5 = 2$ ______	44. $8 = y \times 2$ ______
45. $1 + y = 9$ ______	46. $35 \div y = 5$ ______	47. $9 - y = 6$ ______	48. $12 \div y = 4$ ______
49. $7 = 19 - 3y$ ______	50. $8 - y = 0$ ______	51. $3 + y = 4$ ______	52. $2 \times y = 6$ ______
53. $y - 4 = 2$ ______	54. $6 = y - 1$ ______	55. $7 = y + 2$ ______	56. $21 \div y = 7$ ______
57. $y \div 1 = 3$ ______	58. $26 = 6y - 4$ ______	59. $6 = 8 - y$ ______	60. $y + 3 = 7$ ______
61. $4 = 9 - y$ ______	62. $15 = y \times 5$ ______	63. $76 - 9y = 4$ ______	64. $36 = 4 \times y$ ______
65. $7 + 7y = 42$ ______	66. $9 + 4y = 41$ ______	67. $7 = y \div 4$ ______	68. $56 \div y = 7$ ______
69. $9 = 25 - 4y$ ______	70. $6 = 51 - 9y$ ______	71. $y \times 6 = 12$ ______	72. $y \div 8 = 3$ ______

Name:.................................... Date:....................................

Complete all the activities (Equation-Mixed).

Solve for the variable.

1. 9 - y = 5 ______	2. 42 = 5y + 7 ______	3. 24 = 3y - 3 ______	4. 72 ÷ y = 8 ______
5. 9y - 3 = 51 ______	6. 4y + 5 = 21 ______	7. 1 = 6 - y ______	8. 33 - 7y = 5 ______
9. 6 = y ÷ 8 ______	10. 9 = y + 6 ______	11. 6 ÷ y = 6 ______	12. 2 = 3y - 7 ______
13. 7 = y + 4 ______	14. 6 = y ÷ 7 ______	15. 7 = y + 5 ______	16. 6 = 8 - y ______
17. 24 = 4 × y ______	18. 3 = 2 + y ______	19. 2 = 4y - 6 ______	20. 5 = y ÷ 1 ______
21. 6 = y - 1 ______	22. 40 = y × 5 ______	23. 6 = y ÷ 2 ______	24. 60 = 6y + 6 ______
25. 1 = y ÷ 5 ______	26. 8 ÷ y = 8 ______	27. 55 = 6y + 1 ______	28. 8 = 11 - 3y ______
29. 5 = 41 - 9y ______	30. 10 = 2 + 2y ______	31. 16 - 2y = 4 ______	32. 5 = y ÷ 5 ______
33. 15 = y + 8 ______	34. 4 + 4y = 20 ______	35. y - 3 = 6 ______	36. 7 = y + 2 ______
37. 6 = y - 2 ______	38. 74 - 9y = 2 ______	39. 10 = y + 7 ______	40. 39 = 8y + 7 ______
41. 9 × y = 18 ______	42. 39 = 7y + 4 ______	43. 5 = y - 2 ______	44. y ÷ 9 = 8 ______
45. y ÷ 5 = 3 ______	46. 6 = 1 × y ______	47. 8 = 53 - 9y ______	48. 4 = y ÷ 8 ______
49. 2 - y = 0 ______	50. 3y + 7 = 22 ______	51. 5y + 8 = 23 ______	52. 12 = 8y - 4 ______
53. 3 = 9 - y ______	54. y + 3 = 6 ______	55. y ÷ 7 = 9 ______	56. 2 = 5y - 3 ______
57. 1 + 6y = 49 ______	58. 1 × y = 3 ______	59. y + 2 = 11 ______	60. y + 2 = 5 ______
61. 3 × y = 21 ______	62. 47 - 5y = 7 ______	63. 16 = 9 + y ______	64. y - 5 = 4 ______
65. 6 + 5y = 46 ______	66. 3 = 75 - 8y ______	67. 7y - 9 = 54 ______	68. 13 = 6 + y ______
69. y × 9 = 36 ______	70. 8 = y ÷ 3 ______	71. 6 ÷ y = 3 ______	72. y + 8 = 13 ______

Name:.................................... Date:....................................

Complete all the activities (Equation-Mixed).

Solve for the variable.

1. 6y + 1 = 37 _____	2. 3 = y × 3 _______	3. 6 ÷ y = 6 _______	4. 5 + 1y = 10 _____
5. 6 = y + 2 _______	6. 1 = 17 - 4y _____	7. 4 = 22 - 2y _____	8. 13 = 6 + y ______
9. 54 = y × 9 ______	10. y - 1 = 0 _______	11. 43 = 9y - 2 _____	12. y × 7 = 56 ______
13. 50 = 8 + 6y _____	14. y - 8 = 0 _______	15. y + 5 = 6 _______	16. 8 = 17 - 3y _____
17. 36 - 3y = 9 _____	18. 8 = 8 ÷ y _______	19. y + 2 = 5 _______	20. 6 - y = 2 _______
21. 48 = y × 8 ______	22. 1y - 4 = 3 ______	23. 8 = 1y + 4 ______	24. 1 = 2y - 9 ______
25. y - 2 = 6 _______	26. 36 ÷ y = 9 ______	27. 63 = 9 + 6y _____	28. 3 = 9 ÷ y _______
29. 21 = y × 3 ______	30. 9 = 24 - 5y _____	31. y - 6 = 2 _______	32. 15 = y × 5 ______
33. 8 + y = 13 ______	34. 8y + 2 = 66 _____	35. 37 = 1 + 9y _____	36. 2 = 4 - 2y ______
37. 14 ÷ y = 7 ______	38. 5 = y ÷ 6 _______	39. y × 5 = 20 ______	40. 10 = 4 + y ______
41. 2 + 8y = 50 _____	42. 1 + 8y = 65 _____	43. 3y - 3 = 21 _____	44. 15 = 3 + 6y _____
45. y + 9 = 12 ______	46. 9 + 7y = 65 _____	47. 35 ÷ y = 7 ______	48. y ÷ 3 = 4 _______
49. y ÷ 8 = 3 _______	50. y × 4 = 20 ______	51. 1y + 1 = 8 ______	52. 1 × y = 5 _______
53. 14 = 5 + y ______	54. 7 - y = 5 _______	55. 3 = 6 - y _______	56. 5y - 9 = 26 _____
57. 11 = 5 + y ______	58. 28 = 4y - 8 _____	59. 24 = 4y + 8 _____	60. 40 = 5 × y ______
61. 12 = y + 4 ______	62. 9 = y ÷ 7 _______	63. 2 = y ÷ 2 _______	64. y ÷ 4 = 2 _______
65. 3 = 18 ÷ y ______	66. y - 3 = 2 _______	67. 9 - y = 8 _______	68. 6 = y ÷ 7 _______
69. 3 + y = 12 ______	70. 18 = 9 × y ______	71. 12 = y + 6 ______	72. 6y - 9 = 3 ______

Name:.................................... Date:....................................

Complete all the activities (Equation-Mixed).

Solve for the variable.

1. 11 = y + 3 ______	2. 2 = 1y - 6 ______	3. 9 = 17 - 8y ______	4. 31 = 7 + 8y ______
5. 3 + y = 8 ______	6. 8 + y = 11 ______	7. 15 = y + 9 ______	8. 8 - y = 7 ______
9. 2 + y = 8 ______	10. 4y + 1 = 29 ______	11. 3 = 27 - 3y ______	12. 5 = y + 3 ______
13. 1 = 2 - y ______	14. 42 = 8y - 6 ______	15. 3 = 6 - y ______	16. 2 + y = 11 ______
17. y ÷ 3 = 4 ______	18. 8 ÷ y = 1 ______	19. 5 = 41 - 4y ______	20. 7 = y + 4 ______
21. 3 = 4 - y ______	22. 70 = 7 + 9y ______	23. 58 - 7y = 9 ______	24. 5 + y = 10 ______
25. 2y - 7 = 3 ______	26. y × 9 = 27 ______	27. 3 + 6y = 45 ______	28. 0 = 3y - 6 ______
29. 20 = 5 × y ______	30. 2 = 6 - y ______	31. 5 = 9 - y ______	32. y - 3 = 3 ______
33. 6 = 1 × y ______	34. 6 + y = 11 ______	35. 5y + 1 = 16 ______	36. 0 = y - 1 ______
37. y × 2 = 6 ______	38. y ÷ 6 = 9 ______	39. 1 × y = 5 ______	40. 7y - 3 = 60 ______
41. 7y + 7 = 70 ______	42. 16 = 8 × y ______	43. 14 ÷ y = 2 ______	44. 9 = 21 - 6y ______
45. 9y + 9 = 45 ______	46. 52 = 4 + 6y ______	47. 5 = 35 - 5y ______	48. 16 ÷ y = 4 ______
49. 33 = 5y + 8 ______	50. 4 + y = 6 ______	51. 45 ÷ y = 5 ______	52. 9 - y = 8 ______
53. 8 = 5 + y ______	54. 25 = 1 + 6y ______	55. 9 = 7 + y ______	56. 7 = 16 - 9y ______
57. 6 = 42 ÷ y ______	58. y - 5 = 4 ______	59. 33 = 3y + 9 ______	60. 32 = 8 × y ______
61. 6 = 2 + 1y ______	62. y × 9 = 81 ______	63. 5 × y = 35 ______	64. 8y + 2 = 66 ______
65. 4 = 2 × y ______	66. 5y + 8 = 38 ______	67. 18 = y × 9 ______	68. 3 = 7 - 1y ______
69. 6 = 5 + y ______	70. 3 = 3 ÷ y ______	71. 4 × y = 28 ______	72. 4y + 5 = 13 ______

Name:.................................. Date:..................................

Complete all the activities (Equation-Mixed).

Solve for the variable.

1. y + 6 = 7 _______	2. 28 - 7y = 0 _____	3. 3y + 9 = 15 _____	4. 1 = y - 3 _______
5. 9 - y = 6 _______	6. 18 = y × 3 _____	7. 21 = y × 3 _____	8. y ÷ 3 = 2 _______
9. 12 - 3y = 0 _____	10. y ÷ 1 = 6 _______	11. 4 = 4 ÷ y _______	12. 74 = 9y + 2 _____
13. 3 ÷ y = 3 _______	14. 9 = 39 - 6y _____	15. 4 = 18 - 7y _____	16. 4 = y ÷ 9 _______
17. y × 7 = 56 _______	18. 7 = 13 - 2y _____	19. y + 4 = 6 _______	20. 54 = 6 × y _______
21. 8 + 4y = 28 _____	22. 4 + 5y = 29 _____	23. 24 = 6 × y _____	24. y ÷ 6 = 8 _______
25. 0 = 48 - 8y _____	26. 57 = 1 + 7y _____	27. y ÷ 9 = 8 _______	28. y + 6 = 8 _______
29. 3y - 5 = 10 _____	30. 7 = 49 ÷ y _____	31. 7 × y = 42 _____	32. 7 × y = 7 _______
33. 7y + 2 = 9 _______	34. 14 = 2 + 2y _____	35. 6 + y = 13 _____	36. 7 = y + 5 _______
37. 6 + 9y = 60 _____	38. y - 2 = 3 _______	39. 36 = 8y + 4 _____	40. 8 = 8 ÷ y _______
41. 1 × y = 1 _______	42. 3 = 35 - 4y _____	43. 10 = y + 4 _____	44. y - 2 = 5 _______
45. 1y - 1 = 3 _______	46. 49 - 8y = 1 _____	47. y - 3 = 1 _______	48. 37 - 8y = 5 _____
49. 9 - y = 2 _______	50. 3 = y ÷ 7 _______	51. 5 + 4y = 9 _____	52. 1 = y - 4 _______
53. 0 = y - 9 _______	54. 8 + y = 11 _____	55. 1 = y - 5 _______	56. 12 = 6y - 6 _____
57. 14 = 5 + y _______	58. 8 = 9 - y _______	59. 21 - 5y = 6 _____	60. 3 = 15 ÷ y _____
61. 3 = 27 ÷ y _______	62. y × 8 = 56 _____	63. 19 = 1 + 9y _____	64. 28 ÷ y = 4 _____
65. 7 + y = 12 _______	66. 4y - 1 = 27 _____	67. 8y - 5 = 43 _____	68. 1 = 2y - 5 _____
69. 2 - y = 0 _______	70. 4y + 9 = 13 _____	71. 64 ÷ y = 8 _____	72. 7 × y = 63 _____

Name:.................................... Date:....................................

Complete all the activities (Equation-Mixed).

Solve for the variable.

1. y - 1 = 8 ______	2. 8 - y = 0 ______	3. 27 = 9y - 9 ______	4. 7 + y = 8 ______
5. 8 = 1 × y ______	6. y - 2 = 5 ______	7. 2 + y = 4 ______	8. 4 + 3y = 10 ______
9. 42 = 7 × y ______	10. 22 = 3y + 1 ______	11. y ÷ 7 = 3 ______	12. 8y + 8 = 64 ______
13. 51 = 8y - 5 ______	14. 20 = 4y + 4 ______	15. 3 = y - 4 ______	16. 7 = y + 2 ______
17. 48 = y × 6 ______	18. 15 - 1y = 9 ______	19. 5 = y + 3 ______	20. 10 = 6 + y ______
21. 3 + 2y = 13 ______	22. 24 = y × 3 ______	23. 12 = 8 + y ______	24. 8y + 5 = 13 ______
25. 9 - y = 1 ______	26. 4 = y × 1 ______	27. 36 = 5y - 4 ______	28. y + 8 = 11 ______
29. 3 × y = 12 ______	30. 3 + y = 9 ______	31. 8 = y - 1 ______	32. y + 4 = 9 ______
33. 30 ÷ y = 6 ______	34. 8 + 2y = 10 ______	35. 27 = y × 3 ______	36. 3 = y - 6 ______
37. 6 + y = 8 ______	38. 72 ÷ y = 8 ______	39. 6 = y × 6 ______	40. 0 = 6 - y ______
41. 9 - y = 2 ______	42. 13 = 6 + 1y ______	43. y × 6 = 18 ______	44. 9 + 6y = 39 ______
45. 2 = 7 - y ______	46. 6 = 22 - 2y ______	47. 7 × y = 56 ______	48. 2 + 5y = 37 ______
49. 36 = 1 + 7y ______	50. 2 = 6 ÷ y ______	51. y - 3 = 1 ______	52. 6 + 8y = 78 ______
53. 16 = 8 × y ______	54. 9 = 27 ÷ y ______	55. 59 = 7y - 4 ______	56. 8 × y = 40 ______
57. 16 = 2y + 4 ______	58. 28 ÷ y = 4 ______	59. 5 = 20 ÷ y ______	60. 1 = 1 ÷ y ______
61. 16 = 9 + y ______	62. 5 + 9y = 77 ______	63. y ÷ 2 = 4 ______	64. 1 = 3 ÷ y ______
65. 2 = 5 - y ______	66. y ÷ 5 = 5 ______	67. 2 + y = 11 ______	68. 2 = 8 - y ______
69. 6 ÷ y = 1 ______	70. y - 3 = 4 ______	71. 18 = y × 9 ______	72. 2 = y × 1 ______

Name:..................................   Date:..................................

Complete all the activities (Equation-Mixed).

Solve for the variable.

1. $9 = 29 - 5y$ ______	2. $3 = 9 - y$ ________	3. $16 = 8 \times y$ ______	4. $y \div 9 = 5$ ________
5. $y \div 7 = 2$ ________	6. $7 = 22 - 5y$ ______	7. $1 + y = 10$ ______	8. $y - 3 = 2$ ________
9. $30 = 2 + 4y$ ______	10. $24 = 6 \times y$ ______	11. $y + 8 = 15$ ______	12. $9 = 63 \div y$ ______
13. $3 = 4 - y$ ________	14. $y \div 1 = 7$ ________	15. $y \times 7 = 35$ ______	16. $6 + y = 9$ ________
17. $6 = y \div 6$ ________	18. $7 = y + 5$ ________	19. $1 = 5 - y$ ________	20. $y - 5 = 1$ ________
21. $22 = 4 + 9y$ ______	22. $8 - y = 7$ ________	23. $7 - y = 4$ ________	24. $4y - 2 = 34$ ______
25. $3 + 7y = 17$ ______	26. $y - 7 = 0$ ________	27. $57 = 9 + 6y$ ______	28. $4 = 6 - 2y$ ______
29. $35 = y \times 5$ ______	30. $8 - y = 1$ ________	31. $9 = 54 \div y$ ______	32. $3 = 8 - y$ ________
33. $2 + 7y = 9$ ______	34. $8 - y = 0$ ________	35. $48 = y \times 8$ ______	36. $4y - 1 = 15$ ______
37. $10 = y \times 2$ ______	38. $5 + 2y = 7$ ______	39. $27 \div y = 9$ ______	40. $y + 4 = 13$ ______
41. $8 - y = 4$ ________	42. $5 \times y = 30$ ______	43. $2 = 6 - y$ ________	44. $y + 3 = 12$ ______
45. $0 = y - 2$ ________	46. $y - 8 = 1$ ________	47. $y + 7 = 8$ ________	48. $28 \div y = 4$ ______
49. $14 = 5 + y$ ______	50. $9 = y \times 9$ ________	51. $24 = y \times 8$ ______	52. $13 = 6 + 1y$ _____
53. $8y + 5 = 45$ ______	54. $13 = 3y + 4$ ______	55. $1 = 4 - y$ ________	56. $4 = y \div 4$ ________
57. $2y - 2 = 14$ ______	58. $2 = 3 - y$ ________	59. $15 - 5y = 0$ ______	60. $3 = 3 \div y$ ________
61. $14 = 6 + 4y$ ______	62. $6 + 2y = 22$ ______	63. $1 = y - 4$ ________	64. $16 = 7 + y$ ______
65. $2 \times y = 8$ ________	66. $12 = 2 \times y$ ______	67. $21 = y \times 7$ ______	68. $11 - 3y = 5$ ______
69. $8y - 3 = 21$ ______	70. $60 = 7y + 4$ ______	71. $1 = y \times 1$ ________	72. $45 = 3 + 7y$ _____

Name:.................................... Date:....................................

Complete all the activities (Equation-Mixed).

Solve for the variable.

1. $y \times 7 = 14$ ______	2. $5 + y = 14$ ______	3. $4y + 2 = 18$ ______	4. $6 - y = 4$ ______
5. $18 \div y = 2$ ______	6. $4 = y - 2$ ______	7. $42 = 7 \times y$ ______	8. $5 = y \times 5$ ______
9. $3y + 2 = 11$ ______	10. $48 = y \times 6$ ______	11. $48 = 6y - 6$ ______	12. $35 = 5 + 6y$ ______
13. $72 \div y = 8$ ______	14. $36 = y \times 6$ ______	15. $16 = y + 9$ ______	16. $18 = 3 \times y$ ______
17. $6 = 7 - y$ ______	18. $4 - y = 0$ ______	19. $7y + 7 = 56$ ______	20. $9 = 36 \div y$ ______
21. $3 = y - 4$ ______	22. $y \div 9 = 3$ ______	23. $4 = y + 2$ ______	24. $77 = 5 + 9y$ ______
25. $2 = 4 - y$ ______	26. $12 = y + 3$ ______	27. $y - 5 = 4$ ______	28. $7 + y = 15$ ______
29. $8y + 4 = 60$ ______	30. $9y - 1 = 26$ ______	31. $5 = y \div 7$ ______	32. $y + 4 = 5$ ______
33. $63 = 9 + 9y$ ______	34. $10 = 1 + y$ ______	35. $15 = y \times 5$ ______	36. $3 \div y = 3$ ______
37. $21 \div y = 3$ ______	38. $y + 2 = 10$ ______	39. $13 = 4 + y$ ______	40. $20 = 6 + 2y$ ______
41. $9 = 18 - 3y$ ______	42. $5 + y = 7$ ______	43. $43 = 7y + 1$ ______	44. $4 \times y = 20$ ______
45. $14 = 8 + y$ ______	46. $15 = 4y + 3$ ______	47. $6 + y = 7$ ______	48. $8 + 8y = 48$ ______
49. $6 + 2y = 16$ ______	50. $26 - 8y = 2$ ______	51. $3 = 24 \div y$ ______	52. $8 = y \times 1$ ______
53. $1 + y = 6$ ______	54. $6 - y = 1$ ______	55. $4 = y - 4$ ______	56. $5y - 8 = 2$ ______
57. $y + 9 = 17$ ______	58. $4 = y - 4$ ______	59. $y + 9 = 10$ ______	60. $y + 3 = 5$ ______
61. $4 = y \times 1$ ______	62. $y + 8 = 16$ ______	63. $6 = 7 - y$ ______	64. $2 + y = 7$ ______
65. $7 + y = 10$ ______	66. $3 + y = 8$ ______	67. $y \div 9 = 2$ ______	68. $2 = y + 1$ ______
69. $2 = 1 \times y$ ______	70. $12 \div y = 4$ ______	71. $8 + y = 9$ ______	72. $1 = 2 - y$ ______

Name:.................................... Date:....................................

Complete all the activities (Equation-Mixed).

Solve for the variable.

1. $y - 2 = 6$ ______	2. $3 + 4y = 39$ ______	3. $5 + 5y = 10$ ______	4. $6 - y = 2$ ______
5. $1 \times y = 6$ ______	6. $5 = 25 \div y$ ______	7. $17 = 3y + 5$ ______	8. $9 = y + 8$ ______
9. $3 = y \div 4$ ______	10. $3y + 3 = 12$ ______	11. $8 - y = 6$ ______	12. $13 = 8 + y$ ______
13. $1 \times y = 4$ ______	14. $4y + 9 = 33$ ______	15. $2 - y = 0$ ______	16. $2 = y \times 2$ ______
17. $y - 2 = 4$ ______	18. $5 = y \div 4$ ______	19. $5 + y = 11$ ______	20. $9 = y \times 9$ ______
21. $6 - y = 1$ ______	22. $y - 6 = 1$ ______	23. $y - 1 = 7$ ______	24. $8 - y = 5$ ______
25. $15 \div y = 5$ ______	26. $6 = 6 \times y$ ______	27. $3 \div y = 1$ ______	28. $67 = 7y + 4$ ______
29. $10 = y \times 5$ ______	30. $4 = 9 - y$ ______	31. $7y - 6 = 22$ ______	32. $3 + 7y = 31$ ______
33. $9 - y = 7$ ______	34. $4 = 6 - y$ ______	35. $1 = 2 \div y$ ______	36. $y \times 3 = 3$ ______
37. $9 = 37 - 7y$ ______	38. $21 \div y = 7$ ______	39. $6y - 3 = 9$ ______	40. $4y + 7 = 39$ ______
41. $y - 1 = 3$ ______	42. $2 + y = 7$ ______	43. $2y + 9 = 25$ ______	44. $48 \div y = 6$ ______
45. $y \times 7 = 14$ ______	46. $9 = 2 + 1y$ ______	47. $y + 1 = 8$ ______	48. $8 - y = 0$ ______
49. $3 = y - 5$ ______	50. $2 = 7 - y$ ______	51. $36 = 6 \times y$ ______	52. $9y - 2 = 34$ ______
53. $23 - 3y = 8$ ______	54. $8 = 3y - 7$ ______	55. $9 = y \div 8$ ______	56. $4y - 8 = 20$ ______
57. $21 = 4y + 1$ ______	58. $9 = 81 \div y$ ______	59. $48 \div y = 8$ ______	60. $9y + 2 = 29$ ______
61. $16 = 3y + 4$ ______	62. $57 - 6y = 3$ ______	63. $1 = y \times 1$ ______	64. $y - 3 = 3$ ______
65. $y \times 5 = 45$ ______	66. $y + 3 = 11$ ______	67. $3 = 3y - 9$ ______	68. $10 = 1 + 1y$ ______
69. $y - 2 = 2$ ______	70. $y \div 9 = 3$ ______	71. $y - 7 = 0$ ______	72. $12 = 8 + y$ ______

Name:.................................... Date:....................................

Complete all the activities (Equation-Mixed).

Solve for the variable.

1. $1 + 4y = 13$ ______	2. $y - 1 = 6$ ______	3. $9y + 5 = 86$ ______	4. $5 = y \div 8$ ______
5. $29 - 3y = 5$ ______	6. $5 = 5 \div y$ ______	7. $1 = 7 - y$ ______	8. $7 - y = 2$ ______
9. $2 = 1 \times y$ ______	10. $21 = 3 + 2y$ ______	11. $y \div 1 = 4$ ______	12. $y - 9 = 0$ ______
13. $3 = 18 \div y$ ______	14. $4 = 20 \div y$ ______	15. $y + 2 = 7$ ______	16. $33 = 7y - 9$ ______
17. $3 - y = 1$ ______	18. $2 + 4y = 10$ ______	19. $6 = y + 1$ ______	20. $8 = y \div 6$ ______
21. $6 - y = 1$ ______	22. $7y + 4 = 53$ ______	23. $4 = 4 \div y$ ______	24. $8 - y = 7$ ______
25. $5 = y + 3$ ______	26. $7 + y = 10$ ______	27. $25 = y \times 5$ ______	28. $y \div 4 = 4$ ______
29. $7 = 63 \div y$ ______	30. $1 = y \div 3$ ______	31. $10 = 5 \times y$ ______	32. $6 = 8 - 2y$ ______
33. $2 = 26 - 4y$ ______	34. $7 = y \div 3$ ______	35. $4 = 1 + 3y$ ______	36. $6 - y = 1$ ______
37. $7y - 2 = 61$ ______	38. $8 = 32 \div y$ ______	39. $15 = 3 \times y$ ______	40. $y + 6 = 15$ ______
41. $9 + 1y = 12$ ______	42. $8 = 44 - 6y$ ______	43. $7 = y \div 9$ ______	44. $4 \times y = 32$ ______
45. $36 = y \times 9$ ______	46. $7 - 5y = 2$ ______	47. $6y - 8 = 46$ ______	48. $9y - 7 = 65$ ______
49. $18 \div y = 6$ ______	50. $3 = 24 - 7y$ ______	51. $13 = 5 + y$ ______	52. $56 \div y = 8$ ______
53. $y - 2 = 6$ ______	54. $1y - 2 = 5$ ______	55. $64 = 8 \times y$ ______	56. $16 = y \times 2$ ______
57. $8 - y = 5$ ______	58. $2 + 2y = 14$ ______	59. $9 \times y = 18$ ______	60. $1 + y = 7$ ______
61. $2 = y \div 7$ ______	62. $9 \div y = 1$ ______	63. $6 = 6 \div y$ ______	64. $y - 4 = 1$ ______
65. $48 \div y = 8$ ______	66. $27 - 5y = 2$ ______	67. $8 = 5 + y$ ______	68. $6 = 12 \div y$ ______
69. $28 = y \times 7$ ______	70. $y - 3 = 0$ ______	71. $57 = 9y - 6$ ______	72. $4 - y = 2$ ______

Name:.................................. Date:..................................

Complete all the activities (Equation-Mixed).

Solve for the variable.

1. $5 = 45 - 5y$ ______	2. $8 \times y = 32$ ______	3. $3y - 9 = 18$ ______	4. $7 = y - 1$ ______
5. $y \div 4 = 7$ ______	6. $37 = 9y - 8$ ______	7. $y - 7 = 1$ ______	8. $8 \div y = 4$ ______
9. $1 + 2y = 11$ ______	10. $7 = 34 - 3y$ ______	11. $y \div 7 = 9$ ______	12. $3 + 7y = 31$ ______
13. $5 = y + 2$ ______	14. $7y + 6 = 27$ ______	15. $9 = 45 \div y$ ______	16. $y \div 1 = 2$ ______
17. $10 = 4 + 6y$ ______	18. $49 \div y = 7$ ______	19. $18 = y \times 2$ ______	20. $1 + y = 4$ ______
21. $2 = y \div 2$ ______	22. $31 = 1 + 5y$ ______	23. $14 \div y = 7$ ______	24. $13 = y + 6$ ______
25. $3 + 7y = 45$ ______	26. $y + 2 = 9$ ______	27. $38 = 6 + 8y$ ______	28. $21 \div y = 3$ ______
29. $0 = 3y - 9$ ______	30. $9 = 3 \times y$ ______	31. $y \times 4 = 24$ ______	32. $4 + 1y = 8$ ______
33. $27 = 9 \times y$ ______	34. $3 = 6 \div y$ ______	35. $25 - 2y = 7$ ______	36. $4y + 2 = 22$ ______
37. $18 = 9 \times y$ ______	38. $y \div 2 = 4$ ______	39. $y - 1 = 0$ ______	40. $y \div 8 = 6$ ______
41. $y - 3 = 6$ ______	42. $59 = 9y + 5$ ______	43. $7y + 9 = 58$ ______	44. $20 = 5 \times y$ ______
45. $54 \div y = 9$ ______	46. $2 = y \div 5$ ______	47. $y \div 1 = 8$ ______	48. $35 - 7y = 0$ ______
49. $43 = 3 + 5y$ ______	50. $y \times 4 = 20$ ______	51. $17 - 2y = 7$ ______	52. $10 = 8 + y$ ______
53. $5 = y + 1$ ______	54. $36 = y \times 6$ ______	55. $23 = 3 + 4y$ ______	56. $8 = y - 1$ ______
57. $5 + 3y = 26$ ______	58. $36 = y \times 9$ ______	59. $y - 3 = 5$ ______	60. $15 = y \times 5$ ______
61. $7 = 21 - 2y$ ______	62. $7 = y \times 7$ ______	63. $3 = y \times 3$ ______	64. $9 - y = 3$ ______
65. $6 + y = 7$ ______	66. $7y - 2 = 40$ ______	67. $46 = 5y + 6$ ______	68. $12 = y \times 4$ ______
69. $y \times 8 = 64$ ______	70. $y \times 8 = 72$ ______	71. $5 + y = 6$ ______	72. $19 = 5y - 6$ ______

Name:.................................. Date:..................................

Complete all the activities (Equation-Mixed).

Solve for the variable.

1. $24 = y \times 6$ ______	2. $2 \times y = 12$ ______	3. $4 = y - 1$ ______	4. $y + 1 = 7$ ______
5. $9 + y = 16$ ______	6. $y + 3 = 10$ ______	7. $y \times 4 = 28$ ______	8. $6 + y = 8$ ______
9. $5 \times y = 35$ ______	10. $y \div 8 = 7$ ______	11. $36 = 9 \times y$ ______	12. $12 = 4 + y$ ______
13. $6 = 3 \times y$ ______	14. $35 = 3 + 8y$ ______	15. $1 = y \div 6$ ______	16. $7 = y \div 7$ ______
17. $y + 2 = 4$ ______	18. $4 = 7 - y$ ______	19. $8 = 35 - 3y$ ______	20. $5 + y = 11$ ______
21. $y \times 3 = 9$ ______	22. $12 = 6y - 6$ ______	23. $8 = 40 \div y$ ______	24. $6 = y - 1$ ______
25. $8 = 4 \times y$ ______	26. $29 = 9y - 7$ ______	27. $69 = 7y + 6$ ______	28. $3y - 4 = 5$ ______
29. $9 - y = 3$ ______	30. $14 = 8 + y$ ______	31. $1 = y - 2$ ______	32. $7 + y = 16$ ______
33. $0 = 72 - 9y$ ______	34. $12 = y + 3$ ______	35. $6 = y \div 3$ ______	36. $4 \div y = 4$ ______
37. $8y + 4 = 44$ ______	38. $9 \times y = 45$ ______	39. $y - 3 = 5$ ______	40. $81 = 9 \times y$ ______
41. $8 \times y = 8$ ______	42. $y \div 7 = 8$ ______	43. $y \times 2 = 18$ ______	44. $2 = 3 - y$ ______
45. $11 - 5y = 6$ ______	46. $9 = 5 + 4y$ ______	47. $3 \times y = 15$ ______	48. $4 = 24 \div y$ ______
49. $y + 5 = 9$ ______	50. $8 = 32 \div y$ ______	51. $y \times 7 = 7$ ______	52. $2 + y = 6$ ______
53. $9 = 18 \div y$ ______	54. $y - 2 = 3$ ______	55. $21 = 5 + 2y$ ______	56. $6y + 2 = 8$ ______
57. $6y + 5 = 35$ ______	58. $15 \div y = 5$ ______	59. $7 = y - 1$ ______	60. $12 = y + 7$ ______
61. $42 = y \times 6$ ______	62. $8 = 64 \div y$ ______	63. $y \div 7 = 6$ ______	64. $7y + 1 = 29$ ______
65. $3 + y = 4$ ______	66. $6 = 8 - 1y$ ______	67. $7 = y + 2$ ______	68. $2 \div y = 1$ ______
69. $1 = 6 - y$ ______	70. $6 + y = 14$ ______	71. $9 = 9 \div y$ ______	72. $72 \div y = 9$ ______

Name:.................................. Date:..................................

Complete all the activities (Equation-Mixed).

Solve for the variable.

1. 1y - 3 = 2 ______	2. 4 - y = 2 ______	3. 5 - y = 4 ______	4. y + 3 = 7 ______
5. 6 = 69 - 7y ______	6. 8 = y ÷ 6 ______	7. 79 = 7 + 8y ______	8. 8 = y × 2 ______
9. 24 = y × 3 ______	10. 8y + 8 = 56 ______	11. 9 = 44 - 5y ______	12. 6 = y ÷ 6 ______
13. 6 = 12 ÷ y ______	14. 1 = y - 7 ______	15. 6 = y × 2 ______	16. 56 = 8 + 6y ______
17. 5y + 1 = 11 ______	18. 4 + y = 13 ______	19. 4 + y = 12 ______	20. 3 = 1y - 2 ______
21. 6y - 1 = 41 ______	22. 5 = 35 ÷ y ______	23. 72 = y × 8 ______	24. y × 6 = 6 ______
25. 2 = y - 4 ______	26. 11 = 7 + 4y ______	27. 6 - y = 4 ______	28. 7 × y = 28 ______
29. 36 = 9 × y ______	30. 0 = 1y - 5 ______	31. 1 + 8y = 25 ______	32. 18 ÷ y = 3 ______
33. 4 = 3 + y ______	34. 13 = y + 7 ______	35. 9 = 9 × y ______	36. 5 - y = 1 ______
37. 52 = 4 + 8y ______	38. 1 = 9 ÷ y ______	39. 56 = y × 7 ______	40. 45 = 5 + 5y ______
41. 15 = y + 9 ______	42. 6y + 1 = 49 ______	43. 9y - 5 = 76 ______	44. 6 = 1 × y ______
45. 51 = 6 + 5y ______	46. y + 2 = 3 ______	47. 18 ÷ y = 9 ______	48. 13 = y + 8 ______
49. 37 = 2 + 5y ______	50. 6 = y + 1 ______	51. 2 = y ÷ 7 ______	52. 5 = y + 4 ______
53. 7 = y - 2 ______	54. 16 = 2 × y ______	55. 5 = 20 ÷ y ______	56. 14 = y + 9 ______
57. 9 = 8 + y ______	58. 25 - 8y = 1 ______	59. y + 3 = 10 ______	60. 4 = y - 4 ______
61. 4 = 2y - 4 ______	62. 16 = 9 + y ______	63. 29 = 5 + 4y ______	64. y - 3 = 3 ______
65. 0 = 1 - y ______	66. y + 6 = 11 ______	67. 7 = y + 4 ______	68. 52 = 9y + 7 ______
69. 7 + 8y = 63 ______	70. 9 - y = 6 ______	71. 6 = y + 3 ______	72. 27 = 9 × y ______

Name:.................................... Date:....................................

Complete all the activities (Equation-Mixed).

Solve for the variable.

1. $7y + 2 = 58$ _____	2. $38 = 2 + 4y$ _____	3. $8 - y = 3$ _____	4. $55 = 7 + 8y$ _____
5. $16 = 6 + 5y$ _____	6. $2 - y = 1$ _____	7. $5y + 7 = 52$ _____	8. $y + 3 = 7$ _____
9. $1y + 5 = 13$ _____	10. $4 = 85 - 9y$ _____	11. $4 = y - 5$ _____	12. $3y + 2 = 8$ _____
13. $y \div 8 = 9$ _____	14. $18 \div y = 3$ _____	15. $8 + y = 10$ _____	16. $6y - 3 = 51$ _____
17. $15 = 8 + y$ _____	18. $15 = y \times 3$ _____	19. $9 = 23 - 7y$ _____	20. $9 \times y = 36$ _____
21. $7 + y = 10$ _____	22. $6y + 9 = 15$ _____	23. $0 = 3 - y$ _____	24. $2 = 1 \times y$ _____
25. $5 \times y = 15$ _____	26. $y + 7 = 14$ _____	27. $5y - 2 = 28$ _____	28. $7 - y = 2$ _____
29. $7 \div y = 1$ _____	30. $11 = y + 3$ _____	31. $4 = y \div 5$ _____	32. $35 \div y = 5$ _____
33. $8y - 6 = 26$ _____	34. $9 + y = 18$ _____	35. $5 + y = 7$ _____	36. $17 = 7y - 4$ _____
37. $4 + 1y = 10$ _____	38. $8 = 8 \times y$ _____	39. $6 = y \div 5$ _____	40. $7 \div y = 7$ _____
41. $1 = 49 - 6y$ _____	42. $3 = y \times 3$ _____	43. $74 - 9y = 2$ _____	44. $3 + 4y = 31$ _____
45. $6 = 6 \times y$ _____	46. $5 \div y = 5$ _____	47. $48 = 8 \times y$ _____	48. $42 \div y = 6$ _____
49. $6 - y = 3$ _____	50. $6 = 2 + y$ _____	51. $9 = 21 - 2y$ _____	52. $y - 8 = 0$ _____
53. $5 \div y = 1$ _____	54. $9y - 7 = 65$ _____	55. $59 = 9y - 4$ _____	56. $42 - 6y = 0$ _____
57. $1 = y - 4$ _____	58. $6y + 1 = 19$ _____	59. $y \times 4 = 8$ _____	60. $1 \times y = 8$ _____
61. $9y - 8 = 28$ _____	62. $6 = y \div 9$ _____	63. $3 = y - 4$ _____	64. $8 - y = 5$ _____
65. $y \div 6 = 8$ _____	66. $5 = y \div 2$ _____	67. $2 + 6y = 20$ _____	68. $63 \div y = 9$ _____
69. $8 = 9y - 1$ _____	70. $3y - 9 = 0$ _____	71. $5 = 41 - 4y$ _____	72. $9 = 27 \div y$ _____

Name:................................... Date:...................................

Complete all the activities (Equation-Mixed).

Solve for the variable.

1. $5 = y \times 1$ ______	2. $12 = y + 6$ ______	3. $y + 7 = 10$ ______	4. $y \div 1 = 2$ ______
5. $y \times 4 = 20$ ______	6. $5 = 23 - 6y$ ______	7. $64 = 8 \times y$ ______	8. $3y + 7 = 19$ ______
9. $50 = 9y + 5$ ______	10. $9 = y + 6$ ______	11. $y + 6 = 10$ ______	12. $6 = 9 - y$ ______
13. $6 = 12 - 6y$ ______	14. $12 = 2 \times y$ ______	15. $6y + 9 = 21$ ______	16. $4 = y \div 8$ ______
17. $1 + 5y = 6$ ______	18. $3 = 5 - y$ ______	19. $1 = y \div 7$ ______	20. $y \times 5 = 40$ ______
21. $9 - y = 8$ ______	22. $12 = 5 + y$ ______	23. $35 = 6y - 1$ ______	24. $y - 1 = 2$ ______
25. $8 - 1y = 2$ ______	26. $56 = y \times 7$ ______	27. $3 = y \div 9$ ______	28. $17 - 2y = 5$ ______
29. $56 \div y = 8$ ______	30. $y \div 3 = 8$ ______	31. $47 - 9y = 2$ ______	32. $1 = y - 3$ ______
33. $15 = 1y + 9$ ______	34. $8 + 7y = 15$ ______	35. $2y + 8 = 26$ ______	36. $4 = 24 \div y$ ______
37. $48 \div y = 6$ ______	38. $3 \times y = 18$ ______	39. $2 = 8 \div y$ ______	40. $6 = y + 5$ ______
41. $7 = 8 - y$ ______	42. $21 - 3y = 0$ ______	43. $8 = 24 \div y$ ______	44. $42 = y \times 6$ ______
45. $3 = y - 6$ ______	46. $y \times 7 = 49$ ______	47. $y + 9 = 14$ ______	48. $y + 4 = 13$ ______
49. $10 = y + 8$ ______	50. $8 = y \times 4$ ______	51. $6 + 1y = 11$ ______	52. $5 = y \div 8$ ______
53. $10 = 6 + 2y$ ______	54. $6 = 42 - 4y$ ______	55. $15 = y \times 3$ ______	56. $1 = y \div 6$ ______
57. $10 \div y = 2$ ______	58. $y + 9 = 18$ ______	59. $9 \times y = 63$ ______	60. $y \div 7 = 2$ ______
61. $4 = y \div 3$ ______	62. $4 \times y = 28$ ______	63. $y - 4 = 1$ ______	64. $3 - y = 2$ ______
65. $12 - 4y = 0$ ______	66. $36 \div y = 9$ ______	67. $44 = 4 + 5y$ ______	68. $9 = 72 \div y$ ______
69. $5 + 5y = 20$ ______	70. $8y + 4 = 36$ ______	71. $1 = 3 - 1y$ ______	72. $30 = 5 \times y$ ______

Name:................................... Date:...................................

Complete all the activities (Equation-Mixed).

Solve for the variable.

1. 39 = 7y + 4 _____	2. 19 = 4y + 7 _____	3. 15 = y + 8 _____	4. 8 - y = 1 _____
5. 27 = 9 × y _____	6. y × 3 = 3 _____	7. 8 = 64 ÷ y _____	8. 7 × y = 14 _____
9. 5 = y - 1 _____	10. 8y + 1 = 57 _____	11. 42 ÷ y = 7 _____	12. 3 ÷ y = 1 _____
13. 6 + y = 13 _____	14. 5 × y = 20 _____	15. 1 = y ÷ 9 _____	16. 6 × y = 12 _____
17. 21 = 1 + 4y _____	18. 8 = 53 - 5y _____	19. 13 = 8y - 3 _____	20. 18 = 2y + 8 _____
21. 4 + y = 11 _____	22. 3 = y - 1 _____	23. 14 = 2 × y _____	24. 6 = 8 - y _____
25. 2 + 4y = 6 _____	26. 8 = y ÷ 2 _____	27. 8 = y × 2 _____	28. y + 7 = 14 _____
29. 8 - y = 2 _____	30. 3y - 3 = 18 _____	31. 3 = 18 ÷ y _____	32. 26 - 2y = 8 _____
33. 36 = 5y - 9 _____	34. 5 ÷ y = 5 _____	35. 5 + y = 11 _____	36. 5 + y = 7 _____
37. y × 7 = 35 _____	38. 2 = y - 4 _____	39. 24 = 6 + 3y _____	40. y ÷ 4 = 3 _____
41. 19 = 5y - 1 _____	42. 11 - 8y = 3 _____	43. 16 = y × 4 _____	44. y × 5 = 25 _____
45. y ÷ 4 = 6 _____	46. 4 = y - 5 _____	47. 6 = y - 1 _____	48. y + 9 = 16 _____
49. 54 = 9 × y _____	50. 6 = 78 - 8y _____	51. y + 1 = 9 _____	52. 9 = 3 × y _____
53. 9 = 5y - 1 _____	54. 4 = 6 - y _____	55. 8 = y ÷ 9 _____	56. 8 × y = 32 _____
57. 4 = y × 2 _____	58. 3 = 15 ÷ y _____	59. 14 = 3y + 5 _____	60. 63 = 7 × y _____
61. 76 = 8y + 4 _____	62. 4 - y = 1 _____	63. 6 = 54 - 6y _____	64. 40 = 5 + 5y _____
65. 48 = y × 8 _____	66. 2 × y = 6 _____	67. 5y - 5 = 35 _____	68. 13 = 9 + y _____
69. 52 - 5y = 7 _____	70. 1 = y - 5 _____	71. 16 - 4y = 4 _____	72. 3 = 75 - 8y _____

Name:................................... Date:...................................

Complete all the activities (Equation-Mixed).

Solve for the variable.

1. y × 6 = 6 ______	2. 1 + y = 4 ______	3. 32 ÷ y = 4 ______	4. 4y - 8 = 12 ______
5. 4y - 2 = 18 ______	6. y × 6 = 24 ______	7. y - 6 = 3 ______	8. 9y + 3 = 57 ______
9. 7 = y ÷ 3 ______	10. 27 = y × 3 ______	11. 56 ÷ y = 7 ______	12. 6 ÷ y = 1 ______
13. 6 × y = 30 ______	14. 25 = 7y + 4 ______	15. 4 = y × 4 ______	16. 10 = 8 + y ______
17. 88 = 7 + 9y ______	18. 37 - 4y = 9 ______	19. 9 + y = 12 ______	20. 5 = y - 2 ______
21. 0 = 1 - y ______	22. 42 - 9y = 6 ______	23. 8y + 2 = 74 ______	24. 4 + y = 6 ______
25. 1 = y - 2 ______	26. 25 = 9y + 7 ______	27. y - 1 = 3 ______	28. 7y + 5 = 33 ______
29. 24 = y × 8 ______	30. 36 = 9 × y ______	31. 3 = 1 + y ______	32. 48 = y × 8 ______
33. 10 = y + 9 ______	34. 72 = 9 × y ______	35. 8 = y ÷ 5 ______	36. 48 ÷ y = 6 ______
37. 41 = 1 + 5y ______	38. 2 + 8y = 18 ______	39. 4 = 5 - y ______	40. 7 = 1 × y ______
41. y ÷ 2 = 1 ______	42. 6y + 6 = 48 ______	43. 7 + 7y = 35 ______	44. 10 = 2 + y ______
45. 54 = 9 × y ______	46. 19 - 8y = 3 ______	47. 3y - 7 = 11 ______	48. 0 = 3y - 6 ______
49. 28 = 4 × y ______	50. 4 = y ÷ 8 ______	51. 3 - 1y = 0 ______	52. 8 - 7y = 1 ______
53. 15 = 3 × y ______	54. y + 5 = 11 ______	55. 72 = 8 × y ______	56. y × 7 = 35 ______
57. y ÷ 9 = 9 ______	58. y ÷ 4 = 6 ______	59. 35 ÷ y = 5 ______	60. 48 - 5y = 8 ______
61. 2y + 6 = 12 ______	62. 1 = y ÷ 7 ______	63. 3 + 3y = 9 ______	64. 5 + y = 6 ______
65. 7 = 5 + y ______	66. 63 ÷ y = 9 ______	67. 3 + 8y = 35 ______	68. 4 = y - 2 ______
69. 4 = 16 ÷ y ______	70. 5 = 9 - y ______	71. 8 = y + 5 ______	72. 2y + 5 = 23 ______

Name:.................................... Date:....................................

Complete all the activities (Equation-Mixed).

Solve for the variable.

1. y - 2 = 7 ________	2. 2 + 8y = 58 _____	3. 5 = y ÷ 9 ________	4. 7 + y = 8 ________
5. 11 = 4y - 1 ______	6. y + 7 = 15 ______	7. 41 = 8y + 1 _____	8. 1y + 3 = 12 _____
9. y ÷ 8 = 3 ________	10. 73 = 1 + 9y _____	11. 4 = 6 - y ________	12. 9 = 39 - 5y ______
13. 33 - 6y = 9 ______	14. 12 = 5 + y ______	15. y - 1 = 7 ________	16. 8 - y = 2 ________
17. 8 + y = 17 _______	18. 45 = 5 × y ______	19. 1y + 6 = 10 _____	20. 6 - y = 2 ________
21. 11 = 3 + y _______	22. 9 - y = 5 ________	23. 5y - 1 = 44 _____	24. 5 = y ÷ 5 ________
25. 8 = 1y + 4 _______	26. 33 = 6y + 3 _____	27. 5y - 9 = 31 _____	28. 1 = 5 - y ________
29. 13 = 5 + y _______	30. 9 - y = 5 ________	31. 15 = y × 5 ______	32. 8 + y = 10 _______
33. 4 = y ÷ 2 ________	34. 4 = 16 - 2y _____	35. 8 = 32 ÷ y ______	36. 7 - y = 6 ________
37. 6 = 5 + y ________	38. 4y - 6 = 2 ______	39. 33 = 8y - 7 _____	40. y ÷ 4 = 8 ________
41. 8 + y = 16 _______	42. 70 = 7 + 7y _____	43. 9 - 3y = 3 _______	44. 75 = 9y - 6 ______
45. 1 = y - 5 ________	46. 1 = y × 1 _______	47. 14 = 6 + y ______	48. 7 = 14 ÷ y ______
49. y - 7 = 1 ________	50. 6 = y ÷ 7 _______	51. 11 = y + 4 ______	52. 5 = 3y - 4 _______
53. 6 × y = 42 _______	54. 3 - y = 0 ________	55. 36 = 3y + 9 _____	56. y - 3 = 6 ________
57. y × 7 = 28 _______	58. 3 = y - 5 ________	59. 7 = 3y - 5 _______	60. y - 1 = 5 ________
61. y - 1 = 3 ________	62. 4 = y × 2 _______	63. 1 = y - 5 ________	64. 18 = y × 3 ______
65. 6 - y = 5 ________	66. 5 - y = 3 ________	67. 16 ÷ y = 2 ______	68. 4 = y ÷ 1 ________
69. 19 = 4y + 7 _____	70. 6 = 27 - 3y _____	71. 7y + 3 = 52 _____	72. 2 = 3 - y ________

Name:.................................. Date:..................................

Complete all the activities (Equation-Mixed).

Solve for the variable.

1. $8 \times y = 56$ ______	2. $y \div 7 = 1$ ______	3. $4 \div y = 4$ ______	4. $y + 5 = 13$ ______
5. $2y + 2 = 18$ ______	6. $y \div 8 = 4$ ______	7. $9 \times y = 72$ ______	8. $2 = y \div 6$ ______
9. $9 - y = 5$ ______	10. $8 \times y = 24$ ______	11. $8 = y \div 6$ ______	12. $1 + y = 7$ ______
13. $46 = 7y + 4$ ______	14. $y \div 5 = 3$ ______	15. $y \times 4 = 16$ ______	16. $16 = 1y + 8$ ______
17. $20 = y \times 5$ ______	18. $0 = y - 2$ ______	19. $y + 9 = 14$ ______	20. $0 = 5 - y$ ______
21. $9 = 4y - 3$ ______	22. $5 = y \div 3$ ______	23. $2 - y = 1$ ______	24. $6 = 4 + y$ ______
25. $45 = 9 + 4y$ ______	26. $7 = y \div 3$ ______	27. $41 - 8y = 9$ ______	28. $23 = 2y + 9$ ______
29. $24 = y \times 3$ ______	30. $4 = y - 4$ ______	31. $9 = y + 6$ ______	32. $6 + y = 7$ ______
33. $y + 3 = 5$ ______	34. $2 = 9 - 7y$ ______	35. $7 = y + 3$ ______	36. $14 = 2y + 2$ ______
37. $9y + 1 = 73$ ______	38. $11 = 4 + y$ ______	39. $11 = 6 + y$ ______	40. $8 = y + 1$ ______
41. $1 = y - 7$ ______	42. $9y - 9 = 9$ ______	43. $7 + 1y = 11$ ______	44. $6 = y \div 6$ ______
45. $9 - y = 4$ ______	46. $17 = 5y + 7$ ______	47. $8 = 3y - 1$ ______	48. $6 = y - 2$ ______
49. $28 - 3y = 1$ ______	50. $y - 3 = 3$ ______	51. $5 = 5y - 5$ ______	52. $6 \times y = 42$ ______
53. $4 = y \div 2$ ______	54. $y \times 3 = 27$ ______	55. $7 - y = 0$ ______	56. $14 = 2 \times y$ ______
57. $y \times 5 = 35$ ______	58. $3y - 1 = 14$ ______	59. $27 = 9 \times y$ ______	60. $y + 4 = 13$ ______
61. $2y - 2 = 4$ ______	62. $9y - 2 = 43$ ______	63. $9 + y = 15$ ______	64. $9 = y + 8$ ______
65. $3y - 6 = 21$ ______	66. $9 = 44 - 7y$ ______	67. $8 - y = 2$ ______	68. $3 = 2 + y$ ______
69. $7 + 3y = 34$ ______	70. $57 - 8y = 9$ ______	71. $y \div 5 = 6$ ______	72. $9 = 3 + 6y$ ______

Name:.................................... Date:....................................

Complete all the activities (Equation-Mixed).

Solve for the variable.

1. $8 + y = 15$ ______	2. $y + 8 = 10$ ______	3. $y \div 3 = 1$ ______	4. $5 + y = 11$ ______
5. $y \div 7 = 4$ ______	6. $3 = 21 \div y$ ______	7. $5 \times y = 10$ ______	8. $64 = y \times 8$ ______
9. $2 = 3y - 7$ ______	10. $2y + 9 = 27$ ______	11. $15 = 5 \times y$ ______	12. $0 = 2 - y$ ______
13. $10 = 3y - 2$ ______	14. $6 = y \div 7$ ______	15. $7 + 8y = 31$ ______	16. $3 \times y = 18$ ______
17. $40 = 6y - 2$ ______	18. $3 = 6 - y$ ______	19. $20 = 2y + 6$ ______	20. $5 \times y = 35$ ______
21. $y + 2 = 3$ ______	22. $6 + 1y = 11$ ______	23. $43 = 6y - 5$ ______	24. $9 = 24 - 3y$ ______
25. $y - 2 = 7$ ______	26. $15 = 2y + 1$ ______	27. $22 - 6y = 4$ ______	28. $y - 2 = 5$ ______
29. $9y + 7 = 79$ ______	30. $18 = 9y - 9$ ______	31. $14 = 5 + y$ ______	32. $5 = 47 - 6y$ ______
33. $18 = y \times 2$ ______	34. $4 = y \div 4$ ______	35. $3y + 1 = 28$ ______	36. $5 = y \div 1$ ______
37. $63 = 7 \times y$ ______	38. $25 = 1 + 3y$ ______	39. $y \times 9 = 9$ ______	40. $8 + 5y = 13$ ______
41. $8 + y = 14$ ______	42. $12 = y + 7$ ______	43. $54 = 6 + 8y$ ______	44. $10 = 5 + y$ ______
45. $2 = 1 + y$ ______	46. $8 - y = 2$ ______	47. $y \div 6 = 4$ ______	48. $y - 3 = 2$ ______
49. $86 - 9y = 5$ ______	50. $10 = y + 4$ ______	51. $y - 2 = 3$ ______	52. $9 = 3 \times y$ ______
53. $y - 3 = 1$ ______	54. $11 = 5y + 1$ ______	55. $9 = y \div 8$ ______	56. $1 = 5 - y$ ______
57. $2 + y = 8$ ______	58. $8 - 1y = 5$ ______	59. $1 + y = 5$ ______	60. $63 = y \times 9$ ______
61. $63 = 9 + 9y$ ______	62. $5y + 9 = 49$ ______	63. $5 = 9 - y$ ______	64. $13 - 2y = 9$ ______
65. $28 \div y = 4$ ______	66. $3 = 38 - 7y$ ______	67. $33 - 3y = 6$ ______	68. $4 + 5y = 14$ ______
69. $5 = y + 4$ ______	70. $5 + y = 6$ ______	71. $4 + 8y = 76$ ______	72. $4 = 39 - 7y$ ______

Name:.................................... Date:....................................

Complete all the activities (Equation-Mixed).

Solve for the variable.

1. $51 - 6y = 9$ ______	2. $1 = 9 - y$ ______	3. $6 = y \times 1$ ______	4. $3 + 3y = 15$ ______
5. $10 = 2 + y$ ______	6. $y + 1 = 3$ ______	7. $6 = y \times 2$ ______	8. $y + 1 = 4$ ______
9. $83 = 2 + 9y$ ______	10. $42 = 6 + 6y$ ______	11. $5 = y \div 5$ ______	12. $7y + 2 = 51$ ______
13. $7 - y = 3$ ______	14. $10 = 8 + y$ ______	15. $y - 3 = 6$ ______	16. $4 \times y = 24$ ______
17. $y - 6 = 1$ ______	18. $y - 4 = 1$ ______	19. $47 = 6y - 7$ ______	20. $8y - 4 = 28$ ______
21. $7 = 35 \div y$ ______	22. $y \times 2 = 12$ ______	23. $8 = 2 \times y$ ______	24. $8 = y + 5$ ______
25. $8 = y + 3$ ______	26. $6 = 8y - 2$ ______	27. $5 = y \times 1$ ______	28. $3 = 35 - 4y$ ______
29. $y \times 4 = 32$ ______	30. $6 + y = 11$ ______	31. $2 + y = 4$ ______	32. $y - 5 = 4$ ______
33. $13 = 4y + 5$ ______	34. $7 - y = 5$ ______	35. $3 = y \div 3$ ______	36. $3 = 6 - y$ ______
37. $2 = y \div 9$ ______	38. $5y - 5 = 0$ ______	39. $8y - 9 = 15$ ______	40. $y \times 3 = 6$ ______
41. $53 = 7y - 3$ ______	42. $10 = y \times 2$ ______	43. $3y - 3 = 15$ ______	44. $3 = y - 6$ ______
45. $21 = 7 \times y$ ______	46. $8 + y = 17$ ______	47. $4 = 4 \times y$ ______	48. $13 = 4 + y$ ______
49. $8 = 8 \div y$ ______	50. $5 = 68 - 9y$ ______	51. $y \div 4 = 7$ ______	52. $y + 6 = 14$ ______
53. $7y - 4 = 10$ ______	54. $y + 9 = 13$ ______	55. $9 \times y = 81$ ______	56. $8 - y = 7$ ______
57. $8y + 6 = 14$ ______	58. $24 = 4y + 8$ ______	59. $8 = y + 6$ ______	60. $6 = 13 - 1y$ ______
61. $24 = 2y + 8$ ______	62. $16 = 9y + 7$ ______	63. $10 = y + 1$ ______	64. $8y + 5 = 53$ ______
65. $y \times 7 = 56$ ______	66. $4 = y + 3$ ______	67. $40 = 5 + 5y$ ______	68. $5y - 9 = 1$ ______
69. $8 + 7y = 43$ ______	70. $1 = 36 - 5y$ ______	71. $9 = 63 \div y$ ______	72. $9 = 45 \div y$ ______

Name:.................................... Date:....................................

Complete all the activities (Equation-Mixed).

Solve for the variable.

1. $54 = 7y - 9$ ______	2. $6y + 7 = 49$ ______	3. $7 = 2 + y$ ______	4. $y \div 8 = 2$ ______
5. $64 \div y = 8$ ______	6. $4 + y = 9$ ______	7. $y \div 5 = 9$ ______	8. $1 = 4 - y$ ______
9. $10 = y + 2$ ______	10. $3 = y - 2$ ______	11. $y - 1 = 0$ ______	12. $6 = y \div 3$ ______
13. $18 = y \times 2$ ______	14. $y - 1 = 5$ ______	15. $9 \times y = 18$ ______	16. $6 - y = 2$ ______
17. $y - 3 = 5$ ______	18. $4 = y - 4$ ______	19. $7 = 43 - 9y$ ______	20. $16 \div y = 4$ ______
21. $26 = 8 + 2y$ ______	22. $y \div 4 = 1$ ______	23. $17 = 7 + 2y$ ______	24. $6 + y = 8$ ______
25. $30 = 3 + 9y$ ______	26. $y \times 9 = 9$ ______	27. $2 + y = 9$ ______	28. $3 - y = 1$ ______
29. $2 \times y = 6$ ______	30. $9 = y \div 7$ ______	31. $y \div 5 = 1$ ______	32. $y \div 3 = 5$ ______
33. $45 = y \times 9$ ______	34. $4y + 7 = 15$ ______	35. $2 = 4 \div y$ ______	36. $3 \div y = 3$ ______
37. $8 = 32 \div y$ ______	38. $1 + 7y = 36$ ______	39. $2 = y - 1$ ______	40. $y + 6 = 15$ ______
41. $7 = 31 - 4y$ ______	42. $10 = 3 + y$ ______	43. $8 = 2 \times y$ ______	44. $y \div 5 = 6$ ______
45. $56 = 7 \times y$ ______	46. $36 = 9 \times y$ ______	47. $y + 4 = 10$ ______	48. $y \div 8 = 5$ ______
49. $5 = 7y - 2$ ______	50. $y \times 5 = 35$ ______	51. $7 = y \times 7$ ______	52. $9y + 5 = 50$ ______
53. $3 = y - 3$ ______	54. $14 = 1y + 8$ ______	55. $1 = 25 - 8y$ ______	56. $9 + 6y = 57$ ______
57. $7 \times y = 21$ ______	58. $6 + y = 13$ ______	59. $5y + 8 = 43$ ______	60. $y - 6 = 1$ ______
61. $3y + 9 = 30$ ______	62. $1 = y - 4$ ______	63. $y \div 1 = 4$ ______	64. $8 = 8 \times y$ ______
65. $8 = y \div 1$ ______	66. $8 + 6y = 26$ ______	67. $0 = 3y - 9$ ______	68. $1 = 25 - 3y$ ______
69. $2 = y - 6$ ______	70. $12 = y + 3$ ______	71. $3 = 9 - y$ ______	72. $24 = 6y - 6$ ______

Name:.................................... Date:....................................

Complete all the activities (Equation-Mixed).

Solve for the variable.

1. $8 = 13 - 1y$ ______	2. $3 \times y = 24$ ______	3. $4 = 4 \div y$ ______	4. $25 = 5 \times y$ ______
5. $25 - 9y = 7$ ______	6. $6 = y - 1$ ______	7. $9 = y + 8$ ______	8. $y - 2 = 7$ ______
9. $6 \times y = 12$ ______	10. $y \div 6 = 4$ ______	11. $2y - 1 = 5$ ______	12. $6 = y \div 2$ ______
13. $30 = 3y + 3$ ______	14. $20 = 4 \times y$ ______	15. $3 = 12 \div y$ ______	16. $y \times 4 = 24$ ______
17. $5 + y = 13$ ______	18. $8y - 4 = 12$ ______	19. $15 = 6 + y$ ______	20. $1 = y - 1$ ______
21. $6 = 30 \div y$ ______	22. $1 + y = 10$ ______	23. $3 - y = 1$ ______	24. $58 = 8y + 2$ ______
25. $36 \div y = 4$ ______	26. $2 + 1y = 7$ ______	27. $y + 7 = 15$ ______	28. $2 = 8 - y$ ______
29. $4 = y - 5$ ______	30. $42 = 6 \times y$ ______	31. $y \div 1 = 4$ ______	32. $0 = y - 3$ ______
33. $48 = y \times 8$ ______	34. $2 = 3 - y$ ______	35. $11 = y + 8$ ______	36. $12 = 5 + y$ ______
37. $31 = 9y + 4$ ______	38. $8 \times y = 64$ ______	39. $21 = 3 \times y$ ______	40. $18 = y \times 6$ ______
41. $y \times 6 = 6$ ______	42. $1 \times y = 8$ ______	43. $5 = 7 - y$ ______	44. $y - 1 = 1$ ______
45. $9 = y + 5$ ______	46. $7 = 9 - y$ ______	47. $16 = y \times 8$ ______	48. $7 = y \div 1$ ______
49. $8y + 8 = 40$ ______	50. $7 + y = 12$ ______	51. $6 - y = 0$ ______	52. $y - 1 = 0$ ______
53. $40 = y \times 8$ ______	54. $6 \div y = 2$ ______	55. $4 = 2 \times y$ ______	56. $y \times 1 = 6$ ______
57. $15 - 2y = 3$ ______	58. $42 = y \times 7$ ______	59. $y + 2 = 6$ ______	60. $5 + y = 14$ ______
61. $27 = 7 + 5y$ ______	62. $6 = 5 + y$ ______	63. $15 \div y = 5$ ______	64. $4 = y \div 9$ ______
65. $5 = y \div 1$ ______	66. $9 + 6y = 51$ ______	67. $4 \times y = 16$ ______	68. $9 - y = 6$ ______
69. $6y - 7 = 47$ ______	70. $2y + 4 = 18$ ______	71. $8 - y = 4$ ______	72. $7 + 9y = 70$ ______

Name:................................... Date:...................................

Complete all the activities (Equation-Mixed).

Solve for the variable.

1. $y + 5 = 7$ ______	2. $5 \times y = 30$ ______	3. $y \times 7 = 49$ ______	4. $1 \div y = 1$ ______
5. $y \times 6 = 42$ ______	6. $8 = 9 - y$ ______	7. $15 = 7 + y$ ______	8. $9 = 39 - 5y$ ______
9. $y - 4 = 5$ ______	10. $8 \times y = 40$ ______	11. $7 \times y = 21$ ______	12. $y \times 2 = 12$ ______
13. $1 + 8y = 17$ ______	14. $24 \div y = 6$ ______	15. $8 \times y = 32$ ______	16. $2 = 14 \div y$ ______
17. $y + 2 = 11$ ______	18. $3y - 9 = 0$ ______	19. $3 + y = 5$ ______	20. $7y + 3 = 38$ ______
21. $24 \div y = 4$ ______	22. $13 = y + 9$ ______	23. $86 = 9y + 5$ ______	24. $39 = 8y - 1$ ______
25. $y - 1 = 6$ ______	26. $4 = 4 \div y$ ______	27. $3 = y \div 5$ ______	28. $1 = y \div 9$ ______
29. $9 \times y = 45$ ______	30. $2 + y = 4$ ______	31. $23 = 6y - 1$ ______	32. $4y - 7 = 17$ ______
33. $4 = y \div 4$ ______	34. $9 = 1y + 3$ ______	35. $y \times 1 = 3$ ______	36. $8 \times y = 64$ ______
37. $y + 6 = 12$ ______	38. $6 \times y = 48$ ______	39. $4y - 5 = 15$ ______	40. $3y + 8 = 26$ ______
41. $y - 7 = 2$ ______	42. $5 = y - 3$ ______	43. $5 = 6 - y$ ______	44. $y \div 3 = 1$ ______
45. $0 = 3y - 9$ ______	46. $y \div 5 = 4$ ______	47. $y + 5 = 12$ ______	48. $7 = y \div 3$ ______
49. $6 = y + 2$ ______	50. $12 = y \times 3$ ______	51. $6 = y + 3$ ______	52. $y + 4 = 6$ ______
53. $63 = y \times 9$ ______	54. $5 = 5 \div y$ ______	55. $8 = 8 \times y$ ______	56. $3 = y \div 8$ ______
57. $y \times 6 = 30$ ______	58. $6 + 7y = 20$ ______	59. $17 = 9 + y$ ______	60. $24 - 4y = 4$ ______
61. $54 \div y = 6$ ______	62. $7 + y = 11$ ______	63. $8 - 1y = 6$ ______	64. $21 = 3 + 2y$ ______
65. $8 = 32 - 8y$ ______	66. $5 - y = 3$ ______	67. $7 = y - 1$ ______	68. $65 - 8y = 1$ ______
69. $10 = 2 + y$ ______	70. $6 - y = 3$ ______	71. $56 = 8 \times y$ ______	72. $35 = y \times 7$ ______

www.ingramcontent.com/pod-product-compliance
Lightning Source LLC
Chambersburg PA
CBHW080613220526
45466CB00010B/3330
* 9 7 9 8 5 5 9 8 7 3 3 4 3 *